含章 11+
新实用

阅读图文之美 / 优享健康生活

简单健康
蔬果汁

于雅婷 孙 平 编著

江苏凤凰科学技术出版社 · 南京

图书在版编目(CIP)数据

简单健康蔬果汁 / 于雅婷, 孙平编著. — 南京:
江苏凤凰科学技术出版社, 2022.9
ISBN 978-7-5713-3029-3

Ⅰ.①简… Ⅱ.①于… ②孙… Ⅲ.①蔬菜 — 饮料 —
制作②果汁饮料 — 制作 Ⅳ.①TS275.5

中国版本图书馆CIP数据核字(2022)第108664号

简单健康蔬果汁

编　　　著	于雅婷　　孙　平	
责 任 编 辑	庞啸虎	
责 任 校 对	仲　敏	
责 任 监 制	方　晨	

出 版 发 行	江苏凤凰科学技术出版社
出版社地址	南京市湖南路 1 号A楼, 邮编:210009
出版社网址	http://www.pspress.cn
印　　　刷	天津丰富彩艺印刷有限公司

开　　　本	718 mm × 1 000 mm　1/16
印　　　张	13
插　　　页	1
字　　　数	310 000
版　　　次	2022年9月第1版
印　　　次	2022年9月第1次印刷

标 准 书 号	ISBN 978-7-5713-3029-3
定　　　价	49.80元

图书如有印装质量问题,可随时向我社印务部调换。

前言 | *Introduction*

一杯蔬果汁，喝出大健康

现代社会中，人们的生活节奏越来越快，压力也无处不在，健康问题愈发引起大家的关注。在繁忙的工作之余，要如何让自己和家人保持健康的身体、优美的体态、充沛的精力和红润的气色呢？不妨试试每天喝一杯自制的养生蔬果汁吧！

营养专家分析，每天一杯鲜榨蔬果汁，可以帮助清除体内毒素，美容养颜，滋养肠胃，调养身体，增强免疫力。自制蔬果汁是有效摄取蔬菜、水果营养的一种很好的方式，能最大限度地保留蔬菜、水果中的营养成分，在养生保健方面功效显著。在注重健康和食品安全的今天，蔬果汁受到越来越多人士的喜爱，而自制一杯新鲜蔬果汁也成为一种时尚。

自制蔬果汁是将蔬菜和水果搭配组合后制作而成，操作简便、安全健康且经济实惠。家里只需要准备一台榨汁机和几种新鲜的蔬菜、水果，通过适当的搭配组合，便可制作出新鲜、不同口味、营养丰富且不含色素和防腐剂的健康蔬果汁。相比单一的果汁或蔬菜汁，通过不同水果、不同蔬菜，以及蔬菜和水果的搭配，集合多重营养价值，口味也更丰富爽口。尤其是对于一些味道苦涩、辛辣的蔬菜，如苦瓜、生姜、芹菜等，通过与香甜的水果搭配，口感上更易被人接受，营养也更加全面。

本书为普通读者科学制作和饮用蔬果汁提供了详尽的指导，不仅介绍了适合制作蔬果汁的蔬菜、水果的营养知识和搭配方法，还整理了300多种可排毒瘦身、缓解压力、促进睡眠、强身健体的蔬果汁，并给出详细的制作步骤，选材方便，制作简单，让全家人都能喝到低糖、有机的天然蔬果汁，可以在享受美味的同时体验自己动手的乐趣，乐享健康生活。

每天一杯鲜榨蔬果汁，令身心能量和活力俱增，是既健康又时尚的养生方式。

目录 | Contents

第一章　蔬果汁制作要领

2　蔬果的"四性""五味"

4　五色蔬果的区别

6　自制蔬果汁的注意事项

8　切削蔬果的实用技巧

第二章　五色蔬果的养生密码

白色蔬果

10　白菜　山药

11　莲藕　百合

12　冬瓜　菜花

13　白萝卜　洋葱

14　梨　椰子

15　荔枝　火龙果

绿色蔬果

16　菠菜　西蓝花

17　黄瓜　芹菜

18　青椒　芦荟

19　生菜　香菜

20　苦瓜　鳄梨

21　橄榄　猕猴桃

紫黑色蔬果

22　黑豆　黑木耳

23　海带　黑芝麻

24　茄子　紫甘蓝

25　桑葚　黑枣

26　葡萄　乌梅

27　蓝莓　黑加仑

红色蔬果

28　胡萝卜　红薯

29　西红柿　枸杞子

30　山楂　草莓

31　樱桃　李子

32　红枣　西瓜

33　石榴　葡萄柚

黄色蔬果

34　生姜　玉米

35　南瓜　哈密瓜

36　木瓜　香蕉

37　菠萝　橙子

38　柠檬　芒果

第三章　瘦身养颜调气血

肌肤细嫩更年轻
润肤养颜，嫩白皮肤

40　猕猴桃柳橙酸奶汁
　　圆白菜火龙果汁
41　水蜜桃汁
　　香蕉木瓜酸奶汁
42　芦荟香瓜橘子汁
　　橙子黄瓜汁
43　香蕉火龙果汁
　　草莓哈密瓜菠菜汁
44　黄瓜木瓜柠檬汁
　　红糖西瓜汁
45　葡萄柚甜椒汁
　　胡萝卜芦笋橙子汁

轻松瘦身一身轻
告别脂肪，重塑身形

46　圣女果芒果汁
　　草莓水蜜桃汁
47　香蕉苦瓜汁
　　葡萄柚杨梅汁
48　西瓜菠萝柠檬汁
　　芹菜香蕉酸奶汁
49　紫苏菠萝花生汁
　　西蓝花橘子汁
50　黄瓜胡萝卜汁
　　苹果柠檬汁
51　西红柿葡萄柚苹果汁
　　洋葱芹菜黄瓜汁

改善月经不调
每个月的那几天不再是困扰

52　姜枣橘子汁
　　胡萝卜豆浆汁
53　芹菜苹果胡萝卜汁
　　生姜苹果汁
54　圣女果圆白菜汁
　　苹果菠萝生姜汁
55　苹果橙子生姜汁
　　菠菜圆白菜胡萝卜汁
56　香蕉橙子汁
　　菠萝柠檬豆浆汁
57　葡萄柚葡萄干牛奶汁
　　西蓝花猕猴桃汁

不再做"冰山公主"
调补气血，改善畏寒体质

58　胡萝卜苹果醋汁
　　南瓜肉桂粉豆浆汁
59　红枣生姜汁
　　香瓜胡萝卜芹菜汁
60　生姜汁
　　玉米牛奶汁
61　胡萝卜菠菜汁
　　草莓牛奶汁
62　梅脯红茶汁
　　红葡萄汁
63　毛豆葡萄柚酸奶汁
　　樱桃枸杞子桂圆汁

调理孕产期不适
轻轻松松迎接"小宝贝"

64　芒果苹果橙子汁
　　芝麻菠菜汁
65　红薯香蕉杏仁汁
　　土豆芦柑生姜汁
66　香蕉水蜜桃牛奶汁
　　葡萄苹果汁
67　菠萝西瓜皮菠菜汁
　　莴苣生姜汁
68　菠菜苹果汁
　　什锦果汁

第四章　补肾强肝释压力

赶走亚健康状态

缓解疲劳，充沛精力

70　芦笋牛奶汁
　　菠萝甜椒杏汁
71　胡萝卜菠萝汁
　　香瓜橘子汁
72　哈密瓜菠萝汁
　　洋葱苹果汁
73　葡萄圆白菜汁
　　香蕉西红柿牛奶汁

释放压力心情好

抛开烦恼，安心睡眠

74　苹果葡萄柚汁
　　菠萝柠檬汁
75　橘子蜂蜜汁
　　橘子芒果汁
76　莴苣芹菜汁
　　猕猴桃桑葚汁
77　香蕉西红柿汁
　　草莓柳橙菠萝汁
78　葡萄果醋汁
　　莴苣苹果汁
79　香瓜生菜蜂蜜汁
　　莲藕橙汁

增强肝脏功能

酒后不再难受

80　西瓜莴苣汁
　　芝麻香蕉奶汁

81　苦瓜绿豆汁
　　芝麻鳄梨汁
82　柳橙白菜汁
　　苦瓜胡萝卜牛蒡汁
83　草莓葡萄柚黄瓜汁
　　香瓜芦荟橙子汁
84　荸荠西瓜汁
　　葡萄酸奶汁
85　姜黄香蕉牛奶汁
　　西红柿圆白菜甘蔗汁

清除体内毒素

排毒清肠，全身轻松

86　苹果香蕉芹菜汁
　　菠萝苦瓜汁
87　白菜牛奶汁
　　香瓜芹菜蜂蜜汁
88　芦荟苦瓜汁
　　木瓜汁

89　柠檬葡萄柚汁
　　芦笋苦瓜汁
90　苹果牛奶汁
　　苹果西蓝花汁
91　土豆莲藕汁
　　苦瓜橙子苹果汁

补肾益精抗衰老

养生从一杯蔬果汁开始

92　西瓜黄瓜柠檬汁
　　苹果桂圆莲子汁
93　莲藕豆浆汁
　　香瓜豆奶汁
94　芹菜芦笋葡萄汁
　　红枣枸杞子豆浆汁
95　西瓜黄瓜汁
　　柠檬柳橙香瓜汁
96　百合山药汁
　　香蕉蓝莓橙子汁

第五章　延年益寿强身体

预防骨关节问题
增加骨密度，预防骨质疏松

98 圆白菜胡萝卜汁
　　豆浆可可汁
99 南瓜橘子蜂蜜汁
　　黑加仑牛奶汁
100 苹果荠菜香菜汁
　　菠萝醋
101 生姜牛奶汁
　　菠萝圆白菜汁

调节血压、胆固醇
远离"三高"威胁

102 胡萝卜酸奶汁
　　荞麦茶猕猴桃汁
103 乌龙茶苹果汁
　　苹果豆浆汁
104 洋葱橙子汁
　　芹菜菠萝牛奶汁
105 西瓜芹菜汁
　　火龙果柠檬汁
106 香瓜蔬菜蜂蜜汁
　　菠萝豆浆汁

107 洋葱蜂蜜汁
　　香蕉猕猴桃荸荠汁

增强免疫力
抗氧化，增强细胞活性

108 西瓜汁
　　紫苏苹果汁
109 圆白菜豆浆汁
　　西红柿汁
110 西蓝花胡萝卜汁
　　西红柿胡萝卜汁
111 猕猴桃汁
　　牛奶甜椒汁
112 西红柿西蓝花汁
　　芒果椰奶汁
113 西蓝花芹菜汁
　　西红柿山楂蜂蜜汁

保护心脑血管
预防老年病，越活越年轻

114 西蓝花绿茶汁
　　香蕉可可汁
115 橘子汁

　　生姜红茶汁
116 芝麻蜂蜜牛奶汁
　　西红柿柠檬汁
117 生菜芦笋汁
　　橙子豆浆汁

改善胃肠功能
吃得香、消化好、吸收棒

118 芒果苹果香蕉汁
　　圆白菜汁
119 芹菜西红柿汁
　　苹果香瓜汁
120 苹果土豆汁
　　西蓝花牛奶汁
121 无花果李子汁
　　酸奶芹菜汁
122 芹菜香蕉可可汁
　　圆白菜芦荟汁

第六章　健康成长促发育

营养充足不生病
补充营养，提高抵抗力

124 核桃牛奶汁
　　小白菜草莓汁
125 西蓝花芒果汁
　　芒果芹菜汁

126 香蕉葡萄汁
　　西瓜香瓜梨汁
127 西红柿蜂蜜汁
　　葡萄柳橙汁
128 菠萝圆白菜青苹果汁
　　柳橙香蕉酸奶汁

129 雪梨苹果汁
　　菠菜柳橙苹果汁

骨骼强健长得高
补充钙质，促进骨骼生长

130 西蓝花橙子豆浆汁
　　红薯苹果牛奶汁

131 荸荠猕猴桃芹菜汁
　　南瓜牛奶汁
132 香蕉苹果汁
　　香蕉红茶汁
133 小白菜苹果牛奶汁
　　蜂蜜枇杷汁

健脑益智学习好
补益大脑，增强记忆力

134 柠檬汁
　　柠檬红茶
135 草莓菠萝汁
　　香蕉核桃牛奶汁
136 红枣苹果汁
　　葡萄蜂蜜汁
137 苹果红薯汁
　　松子西红柿汁

138 香蕉苹果梨汁
　　南瓜核桃汁
139 红豆乌梅核桃汁
　　葡萄柚蔬菜汁

开胃消食助消化
增进食欲，孩子吃饭香

140 菠萝苹果汁
　　胡萝卜山楂汁
141 菠萝油菜汁
　　猕猴桃葡萄芹菜汁
142 哈密瓜蜂蜜汁
　　胡萝卜菠萝西红柿汁
143 胡萝卜雪梨汁
　　葡萄柚橙子生姜汁
144 香蕉菠萝汁
　　胡萝卜柠檬酸奶汁

145 木瓜百合汁
　　菠萝西瓜汁

保护视力更清晰
养肝明目，缓解视疲劳

146 苹果胡萝卜菠菜汁
　　胡萝卜荸荠汁
147 西红柿甜椒汁
　　菠菜汁
148 蓝莓汁
　　胡萝卜玉米枸杞子汁
149 南瓜汁
　　猕猴桃蛋黄橘子汁
150 胡萝卜苹果橙子汁
　　橙子芒果牛奶汁

第七章　四季养生蔬果汁

春季：温补阳气
152 甜菜根芹菜汁
　　西红柿洋葱芹菜汁
153 哈密瓜草莓牛奶汁
　　橘子胡萝卜汁
154 雪梨芒果汁
　　草莓苦瓜甜椒汁

夏季：生津解暑
155 葡萄椰奶汁
　　雪梨西瓜香瓜汁
156 芒果椰子香蕉汁
　　莲藕柳橙苹果汁
157 黄瓜葡萄香蕉汁
　　胡萝卜薄荷汁

158 西红柿生姜汁
　　苹果黄瓜汁

秋季：滋阴润燥
159 胡萝卜西红柿蜂蜜汁
　　莲藕荸荠汁
160 雪梨蜂蜜汁
　　橘子苹果汁
161 南瓜橘子汁
　　蜂蜜柚子雪梨汁
162 芹菜牛奶汁
　　哈密瓜柳橙汁

冬季：滋补散寒
163 茴香苗橙子生姜汁

　　哈密瓜黄瓜荸荠汁
164 桂圆芦荟汁
　　南瓜红枣汁
165 莲藕雪梨蜂蜜汁
　　西蓝花苹果醋汁
166 草莓苹果汁
　　甘蔗汁

第八章　调养身心蔬果汁

消化不良
开胃润肠，帮助消化

168 胡萝卜苹果酸奶汁
　　黄瓜生姜汁
169 猕猴桃柳橙汁
　　木瓜圆白菜牛奶汁
170 葡萄芜菁汁
　　李子酸奶汁
171 葡萄柚菠萝汁
　　火龙果牛奶汁
172 洋葱苹果醋汁
　　哈密瓜酸奶汁
173 苹果苦瓜牛奶汁
　　芒果香蕉椰汁

咳嗽痰多
清热生津，润肺祛痰

174 桂圆红枣汁
　　莲藕荸荠柠檬汁
175 芒果柚子汁
　　白萝卜莲藕梨汁
176 苹果白萝卜甜菜根汁
　　百合红豆豆浆汁
177 苹果小萝卜汁
　　莲藕橘皮蜂蜜汁
178 柳橙汁
　　橘子雪梨汁
179 白萝卜雪梨橄榄汁
　　西瓜苹果汁

心脑血管疾病
养心安神，健脑益智

180 菠菜荔枝汁
　　小白菜苹果汁
181 胡萝卜梨汁
　　莲藕鸭梨汁
182 芦笋芹菜汁
　　菠萝苹果西红柿汁
183 苹果胡萝卜甜菜根汁
　　薄荷蜂蜜豆浆
184 胡萝卜香蕉柠檬汁
　　胡萝卜苹果豆浆汁
185 香蕉苹果葡萄汁
　　菠菜桂圆汁

身体水肿
利水消肿，祛除湿邪

186 冬瓜苹果蜂蜜汁
　　苹果芹菜芦笋汁
187 生姜冬瓜蜂蜜汁
　　西瓜皮菠萝牛奶汁
188 香蕉西瓜汁
　　苹果苦瓜芦笋汁
189 哈密瓜木瓜汁
　　冬瓜生姜汁
190 西瓜苦瓜汁
　　茼蒿圆白菜菠萝汁
191 李子蛋黄牛奶汁
　　火龙果菠萝汁

免疫力低下
增强抵抗力，提高抗病能力

192 甜椒汁
　　秋葵牛奶汁
193 西红柿酸奶汁
　　木瓜芝麻酸奶汁
194 圆白菜蓝莓苹果汁
　　胡萝卜甜菜根汁
195 芒果酸奶汁
　　葡萄牛奶汁
196 菠菜牛奶汁
　　西蓝花胡萝卜甜椒汁
197 芹菜猕猴桃酸奶汁
　　洋葱甜椒汁
198 草莓西红柿汁
　　芹菜海带黄瓜汁

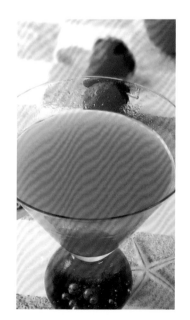

第一章

蔬果汁制作要领

　　每一种蔬菜和水果都有不同的营养价值，把多种蔬果混合后榨汁饮用，其所含的营养成分可以互相补充，充分发挥作用，既可以满足味蕾的多重享受，又能保证摄入更加均衡、全面的营养。新鲜的蔬果汁能为人体补充维生素、膳食纤维、矿物质、微量元素等，具有增强细胞活力、促进胃肠功能、缓解疲劳、增强免疫力等多种功效。利用家庭常见的蔬菜、水果，每天为家人和自己榨一杯美味可口又营养丰富的蔬果汁，享受绿色健康生活。

蔬果的"四性""五味"

古代医家认为，每种食物都具有"四性""五味"的属性。"四性"又称为四气，即寒、凉、温、热，温热性质的食物多有温经、助阳、活血、通络、散寒、补虚等作用；寒凉性质的食物多有滋阴、清热、泻火、凉血、解毒等作用。"五味"即辛、酸、甘、苦、咸，五味的作用在于辛散、酸收、甘缓、苦坚、咸软。中医认为，五味入于胃，分走五脏，以对五脏进行滋养，使其功能正常发挥，不同的食物对脏腑的选择性迥异。

蔬果的"四性"

如上所述，蔬果亦有四性。寒性和凉性的蔬果具有清热降火、解暑除燥的功效，能消除或减轻热症，适合容易口渴、怕热、喜欢冷饮的人食用；温性和热性的蔬果具有温中补虚的功效，适合怕冷、手脚冰凉、喜热饮的人食用。

蔬果推荐

	芹菜	西瓜	香蕉	白菜
寒性蔬果	芹菜具有平肝清热、清肠利便等功效，对预防高血压、动脉硬化等十分有益	西瓜具有清热解暑、利尿除烦等功效，可辅助治疗小便不利、口鼻生疮等症	香蕉可清热润肠，促进胃肠蠕动，痔疮出血者、因燥热而致胎动不安者都可吃香蕉	白菜具有益胃生津、清热除烦等功效，还可通利胃肠、解酒毒
	橙子	冬瓜	草莓	白萝卜
凉性蔬果	橙子有生津止渴、和胃健脾等功效，可用于胃阴不足、口渴心烦、饮酒过度等症	冬瓜有清热解毒、利水消痰、除烦止渴、祛湿解暑等功效	草莓具有清暑解热、生津止渴、利尿止泻、利咽止咳、美容养颜等功效	白萝卜具有下气、消谷和中、祛邪热气等功效。此外，白萝卜还有软化血管的作用
	桃	金橘	香菜	韭菜
温性蔬果	桃有润肺生津、敛汗活血的功效，桃的含铁量较高，是缺铁性贫血患者的理想辅助食品	金橘有理气解郁、化痰、醒酒的功效，可用于胸闷郁结、食滞、多痰等症	香菜有发汗透疹、消食下气等功效，主治食物积滞、胃口不佳、脱肛等症	韭菜有补肾助阳、温中开胃等功效，对男子阳痿、遗精、早泄等症有辅助疗效
	红枣	桂圆	芒果	樱桃
热性蔬果	红枣具有益气补血、健脾和胃、祛风等功效，对辅助治疗贫血、高血压等均有效果	桂圆具有养心血、补心气、安心神的功效，对心悸、心慌、失眠、健忘等症状有缓解作用	芒果营养丰富，被誉为"热带果王"，具有疏风止咳等功效	樱桃具有益脾养胃、涩精止泻、生津止渴等功效

⊕ 蔬果的"五味"

蔬果的五味（辛、酸、甘、苦、咸）分别对应人体的五脏，即肺、肝、脾、心、肾，它们会对五脏起到不同的作用。五味蔬果虽各有好处，但在食用时也要注意均衡，过食或偏食某一味，对人的身体都会造成负面影响，要依据不同体质来食用。如辛味食得太多，体质本属燥热的人，便会发生咽喉痛、长暗疮等情形。

五味对五脏

五味	功效	对应脏腑		食用禁忌
辛	补气活血，发散风寒，促进新陈代谢	肺		多食损耗气力、损伤津液、易上火
酸	生津养阴，收敛，开胃，助消化	肝		多食易伤筋骨
甘	滋养，补虚，止痛	脾		多食易使人发胖，糖尿病患者不宜多食
苦	降火除烦，清热解毒	心		胃病患者宜少食，不易消化
咸	消肿解毒，润肠通便	肾		多食会导致血液、体液凝滞，造成血压升高

蔬果推荐

辛味蔬果	葱	韭菜	苦味蔬果	苦瓜	芥菜
酸味蔬果	西红柿	山楂	咸味蔬果	海带	紫菜
甘味蔬果	山药	红薯		香蕉	草莓

五色蔬果的区别

蔬果富含多种维生素和矿物质，还含有多种有益于人体健康的营养成分。由于这些营养成分的类别、含量有差异，因而会显现出多种多样的颜色，大致有红色、紫黑色、黄色、绿色和白色五种。各种颜色的蔬果都有其独特的营养价值及适宜人群。我们在日常饮食中不能只吃单一颜色的蔬果，均衡摄取营养才能使身体更健康。

⊕ 补心安神的红色蔬果

红色蔬果包括苹果、胡萝卜、山楂、红薯、西红柿、草莓、西瓜、红枣等，这些蔬果进入人体后，入心经，为人体提供多种维生素、微量元素、矿物质、蛋白质等，可以增强心脏之气，补气养血，促使血液与淋巴液的形成，保护心脏，预防心血管疾病等。

红色蔬果富含胡萝卜素、番茄红素、丹宁酸等营养物质，可以有效保护细胞，增强抵抗力，抗菌消炎，防止自由基损伤人体，抗衰老，还能够促进人体血液循环，缓解抑郁、焦躁心情，舒缓疲劳，使人心情放松、精神振奋、活力充沛。经常食用红色蔬果，对于增强心脑血管活力、提高淋巴免疫力大有益处。

蔬果推荐

苹果	山楂	西红柿	草莓

⊕ 补肾益阳的紫黑色蔬果

紫黑色蔬果主要有紫葡萄、蓝莓、黑加仑、茄子、桑葚、紫甘蓝、黑豆、黑米等，入肾经。紫黑色蔬果含有多种氨基酸、微量元素，能够减轻因动脉硬化使血管壁受到的损害。此外，还能防止肾虚、通利关节，可明显减少动脉硬化、肾病、冠心病、脑中风等疾病的发病率。经常食用可以辅助治疗气管炎、咳嗽、慢性肝炎、肾病、贫血、脱发、少白头等病症。

紫黑色蔬果中丰富的铁元素可以有效增加血液中的含氧量，加速体内多余脂肪的燃烧，有利于瘦身美容。经常食用紫黑色蔬果还能提高肾气、润肤、美容、乌发。

蔬果推荐

桑葚	茄子	蓝莓	黑加仑

⊙ 养脾护肠的黄色蔬果

黄色蔬果包括菠萝、杏、香蕉、南瓜、芒果、柑橘等，含有丰富的维生素、微量元素、矿物质，可以强化人体的消化与吸收功能，增进食欲，清理胃肠道中的垃圾，防治胃炎、胃溃疡等疾病。

黄色蔬果富含的维生素C、胡萝卜素可以防止人体内的胆固醇被氧化，减少心血管疾病的发病率，还能降低糖尿病患者体内胰岛素的抗阻性，稳定血糖；其富含的维生素D有促进钙、磷元素吸收的作用，可以强筋壮骨。经常食用黄色蔬果可提升脾胃之气，增强肝脏功能，促进新陈代谢。

蔬果推荐

菠萝	杏	香蕉	南瓜

⊙ 保肝护眼的绿色蔬果

绿色蔬果主要有黄瓜、苦瓜、芹菜、猕猴桃、西蓝花、橄榄等。绿色蔬果含有植物纤维素，可促进人体内消化液的形成，保护人体消化系统，促进胃肠蠕动，防治便秘。绿色蔬果还含有丰富的叶酸，

能够调节人体新陈代谢，保护心脏。

绿色蔬果含有类黄酮和微量元素铁，可以减轻氧化物对脑部的侵害，延缓脑部衰老。经常食用绿色蔬果可以帮助生长发育期或患有骨质疏松症的人群快速补充营养。

蔬果推荐

黄瓜	苦瓜	西蓝花	猕猴桃

⊙ 补气养肺的白色蔬果

白色蔬果主要有百合、冬瓜、菜花、白萝卜、莲藕、山药、梨等，入肺经。白色蔬果含有铜等微量元素，可以促进胶原蛋白的形成，强化血管与皮肤的弹性，防治结肠癌。白色蔬果是安全性相对较高的营养食

物，特别适合患有高血压、心脏病、高脂血症、脂肪肝等疾病的患者长期食用。

白色蔬果还含有血清促进素，可以稳定情绪、消除烦躁、缓解疲乏、清热解毒、润肺化痰。

蔬果推荐

冬瓜	莲藕	梨	山药

自制蔬果汁的注意事项

蔬果汁固然健康美味，但如果在制作中走进误区，也许会起到适得其反的效果，损害身体健康。有些果皮中会有残留的农药和污染物，如果以其为原料贸然食用，可能会引起慢性中毒。下面就为大家介绍一些在制作蔬果汁时需要注意的问题。

榨汁步骤

第1步

将蔬果清洗干净，除去不能食用的部分，如果皮、果核等，再切成2厘米左右的方块即可。

第2步

将过滤网装在榨汁机里，盖上机盖，将顶上的量杯拿开，放入切好的蔬果等食材。

第4步

将榨好的蔬果汁倒入杯子，然后加入柠檬汁、蜂蜜、冰块等调味。

第3步

使用相应的工具把材料稍微往下按一下，再加入适量水，开始榨汁。

◉ 选用新鲜时令蔬果

新鲜时令蔬菜、水果的营养价值高，味道也更好。反季蔬果多产自大棚，经过某种催熟剂催熟，因此会残留有害物质，不利于人体健康。

◉ 慎重去果皮

蔬果的维生素与矿物质多在其果肉中，有些蔬果表面会残留一些蜡质或农药，如猕猴桃、瓜类、荸荠、柿子、土豆等。用这些蔬果榨汁时，为健康起见，应去掉果皮。相反，有些蔬果的果皮含有某些对人体有益的营养成分，如苹果、葡萄等，食用时，在清洗干净的前提下，最好保留果皮。

◉ 现榨现饮

新鲜蔬果汁含有丰富的维生素等营养成分，长时间放置容易受到光线及空气氧化作用的影响，造成蔬果汁中营养成分的流失，降低其营养价值。因此，为了更好

地吸收蔬果汁中的营养成分，发挥蔬果汁的功效，应尽量随时榨汁随时喝，最好在30分钟之内喝完。实在有剩余的话，应用保鲜膜封好，放置在冰箱中储藏。此外，在饮用的时候，应小口慢饮，细细品尝，才能更好地吸收其营养。若豪爽痛饮，会导致短时间内过多糖分进入人体血液，增加血糖含量，损害人体健康。

在制作蔬果汁时，有些蔬果的果皮还是去掉为好，否则会吃到果皮上残留的农药。

蔬果汁的调味剂

不少蔬菜和水果中含有一种酶，与其他蔬果搭配后，会损耗其他蔬果中的维生素C，降低蔬果汁的营养。而热性或酸性物质是这类酶的克星，榨汁时可以与某些酸性蔬果搭配，如柠檬可以保护其他蔬果中的维生素C免受破坏。

有些蔬果汁营养丰富，只是味道苦涩，如苦瓜汁等。制作时，可以加入适量冰块，既能调味，也能减少蔬果汁的泡沫，还能抗氧化。

在添加调味剂的时候，很多人还喜欢用糖来改善蔬果汁的口感，但是糖在分解的过程中会使B族维生素流失，降低蔬果汁的营养价值。如果觉得果汁不够爽口，可以用一些味道比较甜的水果（香瓜、菠萝等）作为配料调和。

快速榨汁

很多蔬果中的维生素在切开后或多或少会有所流失，因而榨汁时应快速操作。将各种材料放入榨汁机后，动作应干净利索，尽量在短时间内完成整个制作过程。不过，有些蔬果则需要浸泡一段时间，如菠萝等，可提前泡好再榨汁。

混搭更爽口

将不同的蔬菜、水果混合起来榨汁，营养更全面，口感也更好。比如单一的柠檬汁过于酸涩，可以加入苹果，这样能同时吸收两种水果的营养，而且味道也不会太酸。

不要过分加热

如果要在冬天喝蔬果汁，或者想用蔬果汁来辅助治疗感冒、发冷，或者用来醒酒，最好将蔬果汁加热。加热蔬果汁的方法：一种是在榨汁的时候加入温水，这样榨出来的蔬果汁就是温的；另一种是将装有蔬果汁的杯子放到温水中加热到接近人的体温即可，这样既能保证营养，又容易被人体吸收。

渣滓不要丢掉

榨出的蔬菜汁在营养成分上不会有所减少，但是很容易出现植物纤维丢失的情况。植物纤维对人体具有重要的作用，能润肠通便、稳定血糖、调节血脂等，所以，榨汁后最好连同剩余的固体渣滓一起吃掉。

蔬果汁不要加糖

新鲜的蔬果汁不应该加糖，因为蔬果汁是低热量食品，加糖之后会分解蔬果汁中的维生素，还会增加其热量，影响正常食欲。如果觉得自制的果汁不够甜，可以加一点蜂蜜来改善口感。

专家这样讲

鲜榨蔬果汁小常识

❶ 选择材料时，依蔬果汁配方选用安全的新鲜蔬果，最好选择有机产品，这样能有效地避免农药污染。

❷ 蔬果汁榨好后立即饮用最有营养，放太久会被空气氧化，使维生素受损。喝蔬果汁一次不要超过500毫升，过量会使胃肠不适。

❸ 喝蔬果汁时，请先将蔬果汁在口中温热几秒钟（如漱口般）再喝下去，效果更佳。

❹ 蔬果汁最好在早上喝，早餐加入蔬果汁，可以使早餐的营养更加丰富、全面，醒神又健康；如果在晚上睡觉前喝，会增加肾脏的负担，容易出现水肿现象。

切削蔬果的实用技巧

在制作蔬果汁时，不可避免地要对蔬果进行简单的切削和处理，这时就会用到刀、勺子等工具，下面就为大家介绍一些切削蔬果的简单工具及实操技巧。

⊙ 切削蔬果的刀具要分类

平时用的菜刀不要用来切水果。用菜刀切水果是很不卫生的，因为菜刀在切蔬菜或肉类食物的时候，会接触到上面的寄生虫卵或其他细菌，如果清洗不到位，这些病菌很有可能会残留在菜刀上，使用这样的菜刀去切水果，会污染水果，不利于健康，甚至会造成胃肠不适。所以，最好清楚分类专用的菜刀和水果刀。

切蔬果时，最好不要选用铁质的刀。我们用铁质刀具切蔬果的时候，会发现切开的部位有黑色的痕迹。这是因为蔬果含有非常丰富的营养物质，和铁接触以后会发生氧化作用，蔬果中的维生素就会被破坏，还会严重影响蔬果的色泽和香味。为了防止营养的流失，可以使用不锈钢刀，或者使用陶瓷刀。陶瓷刀性能稳定，不会和蔬果发生氧化反应，能保证食物的色泽和味道不改变。

⊙ 先洗后切最营养

准备榨取一杯新鲜的蔬果汁，先切蔬果，还是先洗蔬果呢？很多人的习惯都是先将蔬菜切成小段，然后再放到水里清洗；或者在切好准备烹饪之前在水里洗一遍。其实，这都是不妥的做法，很容易造成营养的流失。

蔬果所含的很多成分都是水溶性的，比如，橙子、西红柿、猕猴桃等蔬果都含有丰富的水溶性维生素，切成块状或切成条状的蔬果如果放到水里清洗，势必会使这些营养成分大量流失。洗净后再切成需要的大小，才是正确的方法。

⊙ 巧妙利用小工具

有一些水果的果皮用刀并不好处理，如菠萝、猕猴桃、芒果等，它们的果皮不是太硬就是太软，使用刀具来处理，无法最大限度地利用它们的果肉。这时候，就可以选择一些合适的小工具来处理果皮，最大限度地取出果肉。就像菠萝，先用小刀片将果皮削掉，里面的一个个小黑洞就可以用镊子去掉；再比如猕猴桃，可以先将首尾两端横切一下，再利用一把小勺子，从横切面在里面转一圈，就可以把果肉都取出来，这样比用刀或用手来去除果皮要方便得多。

⊙ 方便省力的水果削切机

如果不想专门买水果刀，或者觉得削皮太麻烦，还可以选择专门的水果切削机。这种机器不仅可以削去果皮，有的甚至还能将水果切好，只需要取出来直接放到榨汁机中即可。

当然，自制蔬果汁的乐趣在于享受亲自动手的过程，自己动手，说不定还能在制作的过程中激发更多的想象和创意。

第二章

五色蔬果的
养生密码

水果和蔬菜是我们日常营养摄取环节中不可或缺的组成部分，水果含有丰富的维生素C、维生素A及人体必需的各种微量元素和矿物质，还有大量膳食纤维等，可以提高免疫力，达到预防疾病的效果。蔬菜同样可以提供人体必需的多种维生素和矿物质，研究表明，人体必需的维生素C，有90%来自蔬菜。水果、蔬菜在我们的日常生活中非常重要，保护着我们全家人的健康。

白色蔬果

白菜
养胃生津
清热除烦

白菜是人们日常生活中不可缺少的一种重要蔬菜，味道鲜美可口，营养丰富，素有"菜中之王"的美称。以柔软的叶球、莲座叶和花茎供食用。

● 功效

养胃生津，清热除烦，解渴利尿，利肠胃。

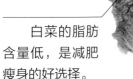

白菜的脂肪含量低，是减肥瘦身的好选择。

❤ 选购与储存

挑选包心的白菜，以头到顶部包心紧、分量重的为好。白菜低温条件下可以储存很长时间，但注意不要受冻。

每100克白菜含有：	
热量	82 千焦
蛋白质	1.6 克
膳食纤维	0.9 克
碳水化合物	3.4 克
维生素B$_1$	0.05 毫克
钙	57 毫克
维生素 C	37.5 毫克
维生素 E	0.36 毫克

山药
健脾补肺
益胃补肾

山药营养丰富，自古以来就被视为物美价廉的补虚佳品，既可作主食，又可作蔬菜。

● 功效

健脾胃，益肺肾，补虚羸，滋肾益精，助消化，稳定血糖。

糖尿病患者常服可稳定血糖。适宜消化不良、脾胃虚弱、腹胀、免疫力低下者食用。

❤ 选购与储存

挑选山药时要看横切面，新鲜山药的横切面应呈雪白色。另外，还要看须毛，须毛越多口感越面，含山药多糖越多，营养价值越高。山药置于通风干燥处保存即可，要注意防蛀。

每100克山药（鲜）含有：	
热量	240 千焦
蛋白质	1.9 克
膳食纤维	0.8 克
碳水化合物	12.4 克
烟酸	0.3 毫克
维生素 C	5 毫克

莲藕

**消渴散瘀
益血生肌**

莲藕微甜而脆，可生食也可做菜，而且药用价值相当高，它的根叶、花须、果实无不为宝，都可滋补入药。

烦渴难忍、酩酊大醉时，饮用鲜藕汁有明显的止渴、醒酒作用。

● **功效**

生品清热生津，凉血止血；熟用补益脾胃，益血生肌。

♡ 选购与储存

莲藕要挑选外皮呈黄褐色，肉肥厚而白的，如果外皮发黑，有异味，则不宜食用。选择藕节短、藕身粗的为好，从藕尖数起第二节藕最好。没切过的莲藕可在室温中放置1周，但因莲藕容易变黑，切面孔的部分容易腐烂，所以切过的莲藕要在切口处覆以保鲜膜，冷藏可保存1周左右。

每100克莲藕含有：

热量	200 千焦
蛋白质	1.2 克
脂肪	0.2 克
碳水化合物	11.5 克
膳食纤维	2.2 克

百合

**润肺止咳
清心安神**

百合是很好的保健食品和常用中药，因其鳞茎瓣片紧抱，"数十片相摞"，状如白莲药，故名"百合"。人们常将百合看作团结友好、和睦合作的象征。民间每逢喜庆节日，有互赠百合的习俗，或将百合做成糕点等食品来款待客人。广东人更喜欢用百合、莲子同煲糖水，以润肺补气。

适用于便秘燥结、肺燥咳嗽、中气不足者。

● **功效**

清肺止咳，祛痰平喘，清心安神，补中益气，健脾和胃。

♡ 选购与储存

百合按鳞片大小可分大百合、米百合两种，大百合长3~5厘米，米百合长2~3厘米。百合以鳞片均匀，肉厚，色黄白，质硬、脆，筋少，无黑片、油片者为佳。新鲜百合可放入冰箱冷藏，干百合的保存要掌握干燥、通气、荫蔽、遮光的原则。

每100克百合（鲜）含有：

热量	692 千焦
碳水化合物	38.8 克
膳食纤维	1.7 克
蛋白质	3.2 克
脂肪	0.1 克
维生素C	18 毫克
钾	510 毫克

冬瓜

祛湿解暑
利水消痰

冬瓜主要产于夏季，之所以取名为冬瓜，是因为瓜熟之际，表面上有一层白粉状的东西，就好像是冬天所结的白霜。冬瓜喜温耐热，产量高，耐储运，是夏秋季节的重要蔬菜品种之一。

冬瓜含钠量低，是肾病所致浮肿患者的膳食佳品。

● **功效**

利水消痰，清热解暑。

♡ 选购与储存

挑选时可用指甲掐一下，皮较硬，肉质致密，种子已成熟变成黄褐色的冬瓜口感好。冬瓜应储存在干燥处，不能放在阴暗潮湿的地方，否则容易发生霉变或生虫。冬瓜表面的白粉不要去除，那是一层保护物质。

每100克冬瓜含有：

热量	43 千焦
碳水化合物	2.4 克
磷	11 毫克
钾	57 毫克
钙	12 毫克
维生素C	16 毫克

菜花

有益消化
生津止渴

菜花为甘蓝的变种，富含B族维生素和维生素C，这些成分属于水溶性，易受热溶出而流失，所以菜花不宜高温烹调，也不适合水煮。菜花粗纤维含量少，品质鲜嫩，营养丰富，风味鲜美，是一种受大众喜食的蔬菜。

适宜脾胃虚弱、久病体虚和小儿发育迟缓者食用。

● **功效**

助消化，增食欲，生津止渴，提高免疫力，增强肝脏功能。

♡ 选购与储存

挑选外观无损伤、无黑斑的新鲜菜花。可用纸张或保鲜膜包住菜花，直立放入冰箱的冷藏室保存，可保鲜1周。菜花所含的维生素C容易被破坏和流失，因而最好现买现吃。

每100克菜花含有：

热量	83 千焦
蛋白质	1.7 克
镁	18 毫克
磷	32 毫克
钾	206 毫克
钙	31 毫克
维生素 C	32 毫克

白萝卜

**下气消食
利尿通便**

白萝卜距今已有上千年的种植历史，在饮食和中医食疗领域均被广泛应用。谚语素有"冬吃萝卜夏吃姜，一年四季保健康"的说法。

白萝卜的根和叶都能吃，富含消化酵素，是药食同源的"天然肠胃药"。

● **功效**

镇痛催眠，下气消食，利尿，调节胆固醇，促进血液循环。

◐ **选购与储存**

应挑选个体大小均匀，无病变，无损伤的新鲜白萝卜。用手指轻弹白萝卜中部，声音低沉、结实的不糠心，声音混浊的多是糠心萝卜，口感较差。白萝卜最好能带泥储存，如果室内温度不太高，可以放在阴凉通风处。

每100克白萝卜含有：

热量	67千焦
蛋白质	0.7克
脂肪	0.1克
碳水化合物	4克
维生素C	19毫克

洋葱

**健胃宽中
理气消食**

洋葱为百合科草本植物，两年生或多年生，是一种很普通的廉价家常菜。原产于亚洲西部，各地均有栽培，是中国主栽蔬菜之一，四季都有供应。洋葱供食用的部位为地下的肥大鳞茎（即葱头），根据其表皮颜色可分为白皮、黄皮和红皮三种，生食、熟食均可。

● **功效**

健胃宽中，理气消食，发散风寒。

洋葱含有大蒜素等植物杀菌素，具有很强的杀菌能力，生吃洋葱可以预防感冒。

◐ **选购与储存**

要选择葱头肥大，外皮有光泽、无腐烂，无机械伤和泥土的洋葱，新鲜洋葱不带叶。洋葱最好吊在通风且无阳光直射的地方储存。

每100克洋葱含有：

热量	169千焦
蛋白质	1.1克
脂肪	0.2克
碳水化合物	9克
膳食纤维	0.9克

梨

**生津润燥
清热化痰**

梨的果实大而美，肉质细脆多汁，香甜，较耐储存。明代李时珍的《本草纲目》载："梨，生者清六腑之热，熟者滋五脏之阴。"

● **功效**

生津，润燥，清热，化痰，解酒。

适宜热病津伤、烦渴、咳嗽痰喘、百日咳者食用。

○ **选购与储存**

应挑选大小适中、果皮薄细、光泽鲜艳、果肉脆嫩、无损伤者。将鲜梨用2～3层软纸分别包好，装入纸盒，放进冰箱内的蔬菜箱中。1周后取出去掉包装纸，装入塑料袋，不扎口，再放入冰箱0℃保鲜室，一般可存放2个月。

每100克梨含有：	
热量	211千焦
碳水化合物	13.1克
脂肪	0.1克
蛋白质	0.2克
膳食纤维	2.6克

椰子

**补虚健体
清暑解渴**

椰子主产于热带地区，外层为纤维硬壳，内含可食厚肉质。果实新鲜时，有清澈的液体，叫作椰汁。

● **功效**

果肉可补虚健体，椰汁具有滋补、清暑解渴的功效。

适宜暑热烦渴、肾炎水肿、呕吐者食用。

○ **选购与储存**

在选择椰子时，要选择有完整外皮的，有保护椰子的作用；另外，要注意不要挑外表看起来非常白的椰子，有可能是经化学药剂漂白泡过的，对人体有害。椰子应放在干燥、阴凉、通风处储存，并尽快食用。

每100克椰子含有：	
热量	1007千焦
蛋白质	4克
脂肪	12.1克
碳水化合物	31.3克
膳食纤维	4.7克
烟酸	0.5毫克
维生素C	6毫克

荔枝

理气补中
养心安神

荔枝原产于中国南部，果肉新鲜时呈半透明凝脂状，味香美，但不耐储藏。荔枝属高热食物，火气很大，容易引起低血糖，不宜一次食用过多或连续多食，尤其是老年人、小孩和糖尿病患者，每天吃5颗就足够了。

● **功效**

补脾益肝，理气补血，温中止痛，消肿解毒，养心安神。

适宜身体虚弱、病后津液不足、胃寒疼痛者食用。

◐ 选购与储存

新鲜荔枝应该色泽鲜艳、个头匀称、皮薄肉厚、质嫩多汁、味甜且富有香气。挑选时可以先用手轻捏，好荔枝的手感应该是富有弹性的。常用的保存方法是挑选易保存的品种，在低温高湿（温度2~4℃，湿度90%~95%）的环境下保存。

每100克荔枝含有：

热量	296 千焦
碳水化合物	16.6 克
膳食纤维	0.5 克
维生素C	41 毫克
磷	24 毫克
钾	151 毫克

火龙果

软化血管
增进食欲

火龙果，又叫青龙果、红龙果，因其外表肉质鳞片似蛟龙外鳞而得名。不但营养丰富，而且很少有病虫害，几乎不使用任何农药就可以茁壮生长。火龙果既是一种绿色、环保的果品，又是一种具有一定疗效的保健食品。

● **功效**

防止血管硬化，调节胆固醇，增进食欲。

适宜便秘、高血糖、高脂血症患者及爱美人士食用。

◐ 选购与储存

果肉为白色的口感好。最好在避光、阴凉的地方储存，如果一定要放入冰箱，应置于温度较高的蔬果箱中，保存的时间最好不要超过2天。

每100克火龙果含有：

热量	234 千焦
蛋白质	1.1 克
碳水化合物	13.3 克
脂肪	0.2 克
膳食纤维	1.6 克

绿色蔬果

菠菜

清热通便
理气补血

菠菜属耐寒性蔬菜，长日照植物。主根发达，肉质根红色，味甜可食。中国北方也有冬季播种、来年春天收获的，俗称埋头菠菜。菠菜烹熟后软滑易消化，特别适合老、幼、病者食用。

适宜维生素C缺乏病、高血压、糖尿病、夜盲症等患者食用。

● 功效

清热通便，理气补血，防病抗衰。

❤ 选购与储存

挑选菠菜时，以菜根红、短，叶子新鲜有弹性者为佳。储存时用潮湿的报纸包好后放入保鲜袋，再竖直放入冰箱冷藏室。

每100克菠菜含有：	
热量	116 千焦
蛋白质	2.6 克
脂肪	0.3 克
碳水化合物	4.5 克
膳食纤维	1.7 克
钾	311 毫克
钙	66 毫克
维生素C	32 毫克

西蓝花

补肾填精
补脾和胃

西蓝花的形态特征、生长习性和普通菜花基本相似，长势强健，耐热性和抗寒性都较强。原产于地中海沿岸的意大利一带，19世纪末传入中国。

● 功效

补肾填精，健脑壮骨，补脾和胃，提高肝脏解毒能力，增强免疫力。

适宜消化不良、肥胖、维生素K缺乏者食用。

❤ 选购与储存

选购西蓝花以菜株亮丽、花蕾紧密结实者为佳；花球表面无凹凸，整体有隆起感，拿起来没有沉重感的为良品。低温及缺氧能降低西蓝花的呼吸强度，因此，可用纸张或保鲜膜包住西蓝花，直立放入冰箱的冷藏室保存，大约可保鲜1周。

每100克西蓝花含有：	
热量	111 千焦
蛋白质	3.5 克
碳水化合物	3.7 克
维生素A	13 微克
维生素B$_1$	0.06 毫克
烟酸	0.73 毫克
维生素C	56 毫克
维生素E	0.76 毫克

黄瓜
利水消肿
清热解毒

黄瓜广泛分布于中国各地，为主要的温室产品之一。黄瓜喜湿而不耐涝，喜肥而不耐肥，宜选择富含有机质的肥沃土壤种植。

● **功效**

利水消肿，清热解毒。

适宜肥胖、高血压、水肿者食用，是糖尿病患者的首选食品之一。

每100克黄瓜含有：

热量	65 千焦
碳水化合物	2.9 克
维生素C	9 毫克
维生素E	0.49 毫克
钠	4.9 毫克
镁	15 毫克
磷	24 毫克
钾	102 毫克
钙	24 毫克

◎ **选购与储存**

挑选比较细长均匀，表面的刺还有一点扎手，颜色看上去很新鲜的。保存时不要清洗，将黄瓜用报纸包好，然后在报纸外面用保鲜膜或保鲜袋封严，放进冰箱保存。

芹菜
平肝解毒
除烦消肿

芹菜按类别可分为水芹和旱芹两种。旱芹属于绿叶类蔬菜，水芹属于水生蔬菜。芹菜是高纤维食物，它经肠内消化作用能产生木质纤维，适合癌症患者食用。常吃芹菜，尤其是芹菜叶，对预防高血压、动脉硬化等十分有益。

● **功效**

平肝解毒，祛风利湿，除烦消肿，凉血止血。

适宜高血压、动脉硬化患者食用。

每100克芹菜含有：

热量	93 千焦
蛋白质	1.2 克
脂肪	0.2 克
碳水化合物	4.5 克
膳食纤维	1.2 克

◎ **选购与储存**

挑选的时候，要选择茎部纹理略微凹凸且断面狭窄的，这样的芹菜水分很足。以根部干净、颜色翠绿、叶子鲜亮者为佳。在冰箱中竖直存放，存放前去掉叶子。

青椒

温中散寒
开胃消食

青椒的特点是果实较大，辣味较淡甚至根本不辣，作蔬菜食用而不作调味料，是一种四季常见的蔬菜。由原产于中南美洲热带地区的辣椒在北美演化而来，中国于100多年前引入，现全国各地普遍栽培。

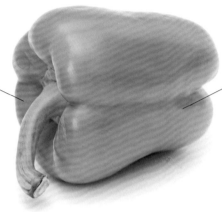

● **功效**

温中散寒，开胃消食。

适宜寒滞腹痛、呕吐、伤风感冒者食用。

○ **选购与储存**

新鲜的青椒在轻压时虽然也会变形，但抬起手指后，能很快弹回。不新鲜的青椒常是皱缩或疲软的，颜色晦暗。在塑料袋的中下部扎透气孔，装入青椒，扎紧袋口，放在8~10℃的空屋内，可储存1~2个月。如袋内水珠过多，可每周打开袋口通风1次，如有烂椒，应及时拣出。

每100克青椒含有：	
热量	77 千焦
蛋白质	1 克
碳水化合物	3.8 克
胡萝卜素	76 微克
维生素C	130 毫克

芦荟

清除肝热
缓解便秘

芦荟的表皮含有芦荟素，其主要生物活性成分为芦荟苷。芦荟苷通常被认为具有泻下作用，但实际上，芦荟苷会在人体内与肠道菌群作用产生芦荟大黄素，芦荟大黄素通过刺激大肠蠕动产生较强的泻下作用，令服用者排便顺畅。

● **功效**

清肝热，通便，杀虫。

适宜热结便秘、烦躁、闭经、痔疮者食用。

○ **选购与储存**

芦荟要选择叶肉厚实、有硬度的，芦荟刺是芦荟健康的晴雨表，越壮实的芦荟，刺越坚挺、锋利。将芦荟鲜叶放进塑料袋中冷藏，可保存1个月左右。

每100克芦荟含有：	
热量	17 千焦
脂肪	0.2 克
碳水化合物	0.5 克
钙	1 毫克

生菜

**清热安神
养胃解毒**

从名字不难看出，生菜是一种非常适合生吃的蔬菜。生菜含有丰富的营养成分，其膳食纤维和维生素C的含量均较多。

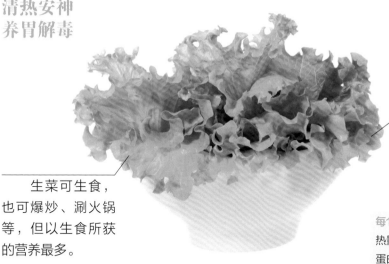

● **功效**

镇痛催眠，利尿，调节胆固醇，促进血液循环，抗病毒，预防便秘。

生菜可生食，也可爆炒、涮火锅等，但以生食所获的营养最多。

💚 **选购与储存**

选择菜叶颜色青绿的，而且要注意生菜的茎部，茎色带白的才是新鲜的。生菜的适宜储存温度为0~3℃，适宜的相对湿度为90%~95%，储存时间为2周左右。

每100克生菜含有：

热量	51千焦
蛋白质	1.6克
脂肪	0.4克
水分	96.7克
碳水化合物	1.1克
膳食纤维	0.7克
维生素C	13毫克

香菜

**发表透疹
增进食欲**

香菜含有许多挥发油，其特殊的香气就是挥发油散发出来的。香菜辛香升散，能促进胃肠蠕动，具有发表透疹、增进食欲等作用。

适宜风寒感冒、麻疹初期、消化不良、牙齿疼痛等患者食用。

● **功效**

发表透疹，健胃，帮助消化，增进食欲，刺激汗腺分泌。

💚 **选购与储存**

选购时应挑选苗壮、叶肥、新鲜、长短适中、香气浓郁、没有黄叶、没有虫害的。挑选棵大、颜色鲜绿、带根的香菜，捆成500克左右的小捆，外包一层纸(不见绿叶为好)，装入塑料袋，松散地扎上袋口，让香菜根朝下置于阴凉处，随吃随取。用此法储存香菜，可使香菜在7~10天菜叶鲜嫩如初。

每100克香菜含有：

热量	139千焦
蛋白质	1.8克
碳水化合物	6.2克
膳食纤维	1.2克
钾	272毫克
钙	101毫克
维生素A	97微克
维生素C	48毫克

苦瓜

清热祛暑
利尿凉血

苦瓜含有多种维生素、矿物质，并且含有清脂、减肥的特效成分，可以加速排毒。据研究发现，它还具有良好的调血糖、抗病毒和防癌功效。

● **功效**

清热祛暑，明目解毒，利尿凉血，解劳清心，益气壮阳。

适宜热病烦渴、中暑、痢疾、痈肿丹毒、恶疮、结膜炎等患者食用。

● **选购与储存**

苦瓜表皮的颗粒越大且饱满、纹路清晰、颜色翠绿，说明瓜肉越嫩、越厚，苦味较淡。苦瓜外形像大米粒，两头尖尖的，瓜身比较直，说明这根苦瓜的质量比较好。以纸类或保鲜膜包裹储存，除了可减少苦瓜表面水分的流失，还可保护柔嫩的瓜果，避免擦伤。

每100克苦瓜含有：	
热量	91 千焦
膳食纤维	1.4 克
胡萝卜素	100 微克
钾	256 毫克
钙	14 毫克
维生素C	56 毫克

鳄梨

调节血脂
保护肝脏

鳄梨喜光，喜温暖湿润气候，不耐寒。鳄梨通常生食，不常用来烹制。食用时用不锈钢刀将鳄梨切成两半，如果肉粘在核上，向反方向轻轻一拧，然后用刀一拨，或用勺将核舀出即可。

● **功效**

加速脂肪的分解，健胃清肠，调节胆固醇和血脂，保护心血管和肝脏系统。

鳄梨是心血管疾病患者的良友，也可加工成果酱、果汁、冰激凌等食品。

● **选购与储存**

用手掌按捏鳄梨的表面，感觉有弹性，果肉结实，则表明已经成熟了。将室温下放熟后的鳄梨放在冰箱的保鲜箱里，可保存1周左右。鳄梨果肉暴露在空气中容易变黑，如果一次只用半个，可将有核的那半个保留，不要去核，洒上柠檬汁，再用保鲜膜包好，放入冰箱即可。

每100克鳄梨含有：	
热量	716 千焦
蛋白质	2 克
脂肪	15.3 克
碳水化合物	7.4 克
膳食纤维	2.1 克
钠	10 毫克
镁	39 毫克
钾	599 毫克
钙	11 毫克

橄榄

**清肺利咽
生津止渴**

橄榄，又名青果，因其果实尚呈青绿色时即可供鲜食而得名。橄榄需栽培7年才挂果，成熟期一般在每年10月左右。橄榄树刚开始结果时产量很少，每棵仅生产几千克，25年后才显著增加，一棵产量可达500多千克。橄榄树每结一次果，次年一般要减产，休息期为1～2年，故橄榄产量有大小年之分。

● 功效

清肺利咽，生津止渴，解毒。

适宜肺热咳嗽、咽喉肿痛、喑哑、烦渴不安者食用。

◌ 选购与储存

色泽变黄且有黑点的橄榄说明已不新鲜，食用前要用水洗净。市售色泽特别青绿的橄榄果如果没有一点黄色，说明已经用矾水浸泡过，为的是好看，最好不要食用。橄榄不宜在冰箱中储存，可置于放有大米的罐子里，吃时清洗即可。

每100克橄榄含有：

热量	240 千焦
蛋白质	0.8 克
碳水化合物	15.1 克
脂肪	0.2 克
膳食纤维	4 克
维生素C	3 毫克
磷	18 毫克

猕猴桃

**调中理气
解热除烦**

中国为猕猴桃的主要产区，其维生素C含量非常丰富，被称为"维C之王"。因为果皮覆毛，貌似猕猴而得名。猕猴桃美味可口、营养丰富，其中的维生素C和维生素E共同协作，能够有效提升人体的抗氧化能力。

适宜食欲不振、消化不良者，以及动脉硬化、高脂血症患者食用。

● 功效

调中理气，生津润燥，解热除烦。

◌ 选购与储存

选猕猴桃一定要选头尖尖的，而不要选择头扁扁的像鸭子嘴的。猕猴桃不可放置在通风处，这样水分会流失，就会越来越硬，影响口感。正确的储存方法是放于箱子中。

每100克猕猴桃含有：

热量	257 千焦
碳水化合物	14.5 克
膳食纤维	2.6 克
磷	26 毫克
钾	144 毫克
维生素C	62 毫克

紫黑色蔬果

黑豆
补肾益阴
健脾利湿

黑豆具有高蛋白、低热量的特性。黑豆所含的不饱和脂肪酸可促进胆固醇的代谢，调节血脂，预防心血管疾病，且黑豆的膳食纤维含量较高，可促进胃肠蠕动，预防便秘，也是不错的减肥佳品。

● 功效

补肾益阴，健脾利湿，祛风除痹，解毒。

适宜水肿胀满、痈肿疮毒、体虚、眩晕、盗汗者食用。

● 选购与储存

选购的时候，要选择颗粒均匀、饱满、坚硬、杂质少的。应放到密封的罐子里，再放入冰箱保存。

每100克黑豆含有：

热量	1678 千焦
碳水化合物	33.6 克
蛋白质	36 克
膳食纤维	10.2 克
维生素E	17.4 毫克
维生素A	3 微克
钙	224 毫克
磷	500 毫克

黑木耳
清肺益气
清胃涤肠

黑木耳为黑褐色，湿润时半透明，干燥时收缩变为脆硬的角质或近革质。有野生的和人工培育的两种，市场上销售的绝大部分是人工培育的，野生的很少。人工培育一般都用木头，但不是枯木，一般是新伐下来的木头，在上面钻孔，植入菌，就能生长出来，然后采摘上市。

适宜便秘、贫血、脑血栓、冠心病、结石等患者食用。

● 功效

清肺益气，轻身强智，抗辐射，抗炎，清胃涤肠，断谷疗痔。

● 选购与储存

朵大适度、耳瓣略展、朵面乌黑有光泽、朵背略呈灰白色的为上品。黑木耳储存适温为0℃，相对湿度95%以上为宜。因它是胶质食用菌，质地柔软，易发黏成僵块，需适时通风换气，以免霉烂。

每100克黑木耳（干）含有：

热量	1107 千焦
蛋白质	12.1 克
脂肪	1.5 克
碳水化合物	65.6 克
钠	48.5 毫克

海带
软坚化痰
利水消肿

海带是褐藻的一种，形状像带子，生长在海底的岩石上，含有大量碘元素，有"碱性食物之冠""长寿菜""海上之蔬"的美誉。海带主要是自然生长，也有人工养殖，多以干制品行销于市。

适宜缺碘、甲状腺肿大、高血压、高脂血症、骨质疏松、营养不良性贫血及头发稀疏者食用。

● 功效

软坚化痰，利水消肿。

○ 选购与储存

海带的叶子以肥厚、够长、够宽为佳，颜色以紫中微黄、近似透明为优，经加工捆绑后，以无杂质、整洁干净为佳。要想让干海带保存得久一些，可将干海带直接冷藏保存。

每100克海带（鲜）含有：

热量	55 千焦
蛋白质	1.2 克
碳水化合物	2.1 克
脂肪	0.1 克
膳食纤维	0.5 克

黑芝麻
补养五脏
润燥滑肠

黑芝麻为胡麻科脂麻的黑色种子，营养成分中还包括极其珍贵的芝麻素和黑色素等物质，可以做成各种美味的食品，营养价值十分丰富。

适宜肝肾不足、腰脚疼痛、肠燥便秘、肌肤粗糙者食用。

● 功效

补肝肾，养五脏，润燥滑肠。

○ 选购与储存

选购黑芝麻时，要看里面是否掺有杂质、沙粒；将一小把黑芝麻放在手心里搓一下，看是否会掉色，闻闻是否新鲜。另外，好的黑芝麻价格较高，价格也可作为选购的参考因素之一。要密封，放在干燥、通风处储存。

每100克黑芝麻含有：

热量	2340 千焦
碳水化合物	24 克
蛋白质	19.1 克
膳食纤维	14 克
烟酸	5.9 毫克
维生素E	50.4 毫克
钙	780 毫克
磷	516 毫克
钾	358 毫克

茄子

清热凉血
散瘀消肿

茄子是茄科家族中的一员，是为数不多的紫色蔬菜之一，也是餐桌上十分常见的家常菜品。

● **功效**

　　清热凉血，散瘀消肿。

适宜发热、便秘、高血压、动脉硬化等患者食用。

每100克茄子含有：

热量	97 千焦
膳食纤维	1.3 克
维生素B$_1$	0.02 毫克
维生素B$_2$	0.04 毫克
维生素C	5 毫克
钾	142 毫克

◐ 选购与储存

　　茄子以果形均匀周正，老嫩适度，无裂口、腐烂、锈皮、斑点，皮薄、籽少、肉厚、细嫩的为佳品。宜放在通风、干燥的地方储存，但最好现买现吃。

紫甘蓝

补益胃肠
杀虫止痒

紫甘蓝，又称红甘蓝、赤甘蓝，俗称紫包菜，是十字花科、芸薹属甘蓝种中的一个变种。由于它的外叶和叶球都呈紫红色，故名。紫甘蓝也叫紫圆白菜，叶片紫红，叶面有蜡粉，叶球近圆形。

● **功效**

　　杀虫止痒，增强胃肠功能。

　　经常食用紫甘蓝能调节胆固醇，预防心脑血管疾病的发生，对皮肤瘙痒、便秘等也有很好的食疗作用。

每100克紫甘蓝含有：

热量	106 千焦
碳水化合物	6.2 克
维生素C	26 毫克
蛋白质	1.2 克
脂肪	0.2 克

◐ 选购与储存

　　首先用手掂分量，沉点的比较好，说明水分足、结构紧凑。再看颜色，光泽度越高说明越新鲜。用手按压紫甘蓝，以按不动的为佳。整棵购买时，可以将心挖除，将湿报纸塞入其中，再用保鲜膜包起来。如果在超市购买半颗或1/4颗紫甘蓝，回家后可将保鲜膜拆开风干一下，再用保鲜膜包起来，放在冰箱中可保存半个月左右，但仍应尽早食用。

桑葚

滋阴补血
生津润燥

桑葚为桑科落叶乔木桑树的成熟果实，又叫桑果、桑枣，其成熟的鲜果味甜汁多，是人们常食的水果之一。生长于丘陵、山坡、村旁、田野等处，多为人工栽培。

适宜肠燥便秘、贫血、肝肾阴血亏虚者食用。

● **功效**

滋阴补血，生津润燥。

每100克桑葚含有：

热量	230 千焦
蛋白质	1.6 克
脂肪	0.4 克
碳水化合物	12.9 克
膳食纤维	3.3 克
钾	32 毫克
钙	30 毫克
维生素E	12.78 毫克

○ 选购与储存

成熟的桑葚质油润，酸甜适口，以个大、肉厚、色紫红、糖分足者为佳。桑葚可以用敞口的容器盛放，放进冰箱冷藏，这样可以避免呼吸作用对其品质的影响。

黑枣

温补肾脏
和胃养脾

黑枣虽然也叫枣，但它其实不属于我们通常认识的枣类。黑枣是传统的补肾食物，其最大的营养价值在于含有丰富的膳食纤维，可以帮助消化和软便。

适宜身体虚弱者，贫血、高血压患者食用。

● **功效**

补肝肾，养脾胃。

每100克黑枣（有核）含有：

热量	1031 千焦
蛋白质	3.7 克
碳水化合物	61.4 克
膳食纤维	9.2 克
钙	42 毫克
镁	46 毫克
钾	498 毫克
维生素C	6 毫克

○ 选购与储存

好的黑枣皮色应乌亮有光，黑里泛红，皮色乌黑者为次，色黑带姜者更次；好的黑枣颗大均匀，短壮圆整，顶圆蒂方，皮面皱纹细浅。可将黑枣放入保鲜袋或者保鲜盒中，再放到阴凉通风的地方储存。

葡萄

**止咳除烦
补血益气**

葡萄堪称水果界的美容大王，它的果肉、果汁和种子都含有许多对肌肤有益的营养成分，它具有抗氧化、防皱和除皱等功效，还能让肌肤保湿，让肤色变得更加水润透亮。此外，葡萄所含的多酚可保护肌肤，令肌肤再生，使肌肤更有弹性。

● **功效**

补血益气，强智，利筋骨，健胃生津，除烦渴，利小便。

适宜心烦口渴、声音嘶哑、食欲不振、痢疾、呕吐、水肿、贫血者食用。

● 选购与储存

新鲜的葡萄表面有一层白色的霜，用手一碰就会掉，所以没有白霜的葡萄可能是被挑挑拣拣剩下的，白霜都掉了。将葡萄放入保鲜袋，存放在冰箱内即可。

每100克葡萄含有：	
热量	185 千焦
蛋白质	0.4 克
碳水化合物	10.3 克
镁	7 毫克
磷	13 毫克
钾	127 毫克
钙	9 毫克
维生素 C	4 毫克

乌梅

**敛肺涩肠
生津安蛔**

乌梅，别名酸梅、黄仔、合汉梅、干枝梅，经烟火熏制而成。乌梅核果呈类球形或扁球形，直径1.5~3厘米，表面乌黑色或棕黑色，皱缩不平，基部有圆形果梗痕。果肉柔软或略硬。果核坚硬，椭圆形，棕黄色，表面有凹点，种子扁卵形，淡黄色，气微，味极酸而涩。

适宜食欲不振、消化不良、胆道蛔虫者食用。

● **功效**

敛肺，涩肠，生津，安蛔。

● 选购与储存

乌梅以个大、肉厚、柔润，味极酸者为佳。根据炮制方法的不同，分为乌梅、乌梅肉、乌梅炭、醋乌梅。炮制后置干燥容器内，密闭，置阴凉干燥处保存即可。

每100克乌梅含有：	
热量	917 千焦
蛋白质	6.8 克
脂肪	2.3 克
碳水化合物	42.7 克
钙	33 毫克
镁	137 毫克
烟酸	2.3 毫克

蓝莓

**保护视力
强化心脏**

蓝莓营养丰富，不仅富含常规营养成分，而且含有极为丰富的黄酮类和多糖类化合物，因此又被称为"水果皇后"和"浆果之王"。

● **功效**

保护视力，调节胆固醇，防止动脉硬化，促进心血管健康。

尤其适宜心脏功能不佳者食用。

♡ 选购与储存

新鲜蓝莓紧致饱满，表皮细滑。成熟蓝莓应该呈深紫色到蓝黑色。一般保鲜蓝莓在冷藏前就被清洗过，所以无须再次清洗。冷藏蓝莓的秘诀是把它们放入冰箱之前不要清洗，充分保持干燥。

每100克蓝莓含有：

热量	239 千焦
碳水化合物	14.5 克
膳食纤维	2.4 克
钾	77 毫克
维生素C	9.7 毫克

黑加仑

**坚固牙齿
延缓衰老**

黑加仑分布于中国黑龙江、内蒙古及新疆地区，其果实含有多种维生素、糖类和有机酸等，维生素C的含量尤其高，主要用于制作果酱、果酒和饮料等。

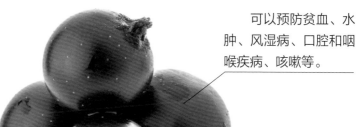

可以预防贫血、水肿、风湿病、口腔和咽喉疾病、咳嗽等。

● **功效**

坚固牙齿，延缓衰老，改善肝功能。

♡ 选购与储存

用手捏一捏，好一点的黑加仑有一定的硬度，并且带有一丝甘甜口感。黑加仑应注意保存在阴凉处，以保证果实新鲜完好。

每100克黑加仑含有：

热量	276 千焦
脂肪	0.4 克
蛋白质	1.4 克
碳水化合物	15.4 克
膳食纤维	2.4 克

红色蔬果

胡萝卜
健脾消食
清热解毒

胡萝卜肉质细密，质地脆嫩，有特殊甜味，营养丰富。胡萝卜中胡萝卜素的含量高于西红柿，食用后经肠胃消化可分解成维生素A，可防治夜盲症和呼吸道疾病。

● 功效

健脾消食，补肝明目，清热解毒，降气止咳。

适宜肠胃病、皮肤病、高血压、糖尿病及癌症等患者食用。

♡ 选购与储存

颜色越深，胡萝卜素或铁盐的含量越高，红色的比黄色的含量高，黄色的又比白色的含量高。胡萝卜储存前不要用水洗，将头部切掉，放入冰箱冷藏即可。

每100克胡萝卜含有：	
热量	162 千焦
碳水化合物	8.8 克
钙	32 毫克
钾	190 毫克
维生素 C	13 毫克
胡萝卜素	4.13 毫克

红薯
补中和血
补脾益气

红薯，又称白薯、番薯、地瓜、山芋、红苕等。红薯味道甜美，营养丰富，又易于消化，可供给大量热量，所以有的地区把它作为主食。

适宜脾胃虚弱、习惯性便秘、慢性肝病和肾病等患者食用。

● 功效

补中和血，补脾益气，生津止渴（生用），宽肠通便。

♡ 选购与储存

一般选择外表干净、光滑，形状呈纺锤形，坚硬的。表面凹凸不平、有伤、有黑洞的不要购买，容易腐烂。储存前先将红薯放在外面晒一天，然后保存在干燥的环境里，不要沾到水就行了。

每100克红薯含有：	
热量	260 千焦
碳水化合物	15.3 克
膳食纤维	1.6 克

西红柿

健胃消食
凉血平肝

西红柿中维生素A、维生素C的比例均衡，常吃可增强血管功能，预防血管老化。西红柿中的类黄酮既有降低毛细血管的通透性和防止其破裂的作用，又有预防血管硬化的特殊功效。

● 功效

生津止渴，健胃消食，凉血平肝，清热解毒，调节血压。

适宜高血压、冠心病、高脂血症、肝炎、消化不良、牙龈出血等患者食用。

♡ 选购与储存

西红柿要选颜色粉红，果形浑圆，表皮有白色小点的，感觉表面有一层淡淡的粉一样，捏起来很软；蒂的部位一定要圆润，最好带淡淡的青色；籽粒呈土黄色，肉质红色、沙瓤、多汁。日常可以放在冰箱内保存，但保存时间不宜过长。

每100克西红柿含有：

热量	62 千焦
蛋白质	0.6 克
脂肪	0.1 克
碳水化合物	3.2 克
膳食纤维	0.8 克

枸杞子

滋阴补肾
养肝明目

枸杞这个名称始见于2000多年前的《诗经》。明代药物学家李时珍云："枸杞，二树名。此物棘如枸之刺，茎如杞之条，故兼名之。"

● 功效

滋阴补肾，益精明目，养血，抗疲劳，调节血压及胆固醇，保护肝脏。

适宜虚劳精亏、腰膝酸软、血虚萎黄、贫血、神经衰弱、慢性肝炎等患者食用。

♡ 选购与储存

枸杞子以粒大、色红、肉厚、质柔润、籽少、味甜者为佳。枸杞子如有酒味说明已变质，不可食用。枸杞子可直接放于冰箱冷冻，或者烘干后放在食品袋，封口，放在阴凉处，不要透气、不要见阳光，否则会越晒越黏。

每100克枸杞子含有：

热量	1080 千焦
蛋白质	13.9 克
脂肪	1.5 克
碳水化合物	47.2 克
维生素C	48 毫克
胡萝卜素	3.8 微克
钙	60 毫克

山楂

健胃消食
舒气散瘀

山楂按照其口味分为酸、甜两种，其中酸味山楂最为流行，也最常见。

● 功效

健胃，消积化滞，舒气散瘀，增强免疫力，抗衰老，软化血管，调节血脂，利尿。

适宜饮食积滞、脘腹胀痛、血瘀、闭经、产后腹痛者食用。

◯ 选购与储存

山楂外形扁圆的偏酸，近似正圆的则偏甜；表皮上果点密而粗糙的酸，小而光滑的甜；产自山东和东北的发酸，河北、河南的酸甜适中；果肉呈白色、黄色或红色的甜，绿色的酸；果肉质地软而面的甜，硬而质密的偏酸。将山楂洗干净，用保鲜袋密封，最好能把里面的空气全都排空，然后放到冰箱的冷冻室保存。

每100克山楂含有：	
热量	425 千焦
钙	52 毫克
蛋白质	0.5 克
镁	19 毫克
碳水化合物	25.1 克
钠	5.4 毫克
钾	299 毫克
磷	24 毫克

草莓

清热祛暑
润肺生津

草莓的外观呈心形，鲜美红嫩，果肉多汁，含有特殊的浓郁水果芳香。草莓营养价值高，含有丰富的维生素C，有帮助消化的功效。此外，草莓还可以坚固齿龈，清新口气，润泽喉部。

● 功效

润肺生津，健脾和胃，利尿消肿，解热祛暑。

适宜风热咳嗽、咽喉肿痛、声音嘶哑者食用。

◯ 选购与储存

不要购买畸形草莓，畸形草莓可能是种植过程中滥用激素造成的，长期大量食用这样的草莓，有可能损害人体健康。草莓的最佳保存环境是接近0℃但不结霜的冰箱内。

每100克草莓含有：	
热量	134 千焦
蛋白质	1 克
碳水化合物	7.1 克
膳食纤维	1.1 克
钾	131 毫克
维生素C	47 毫克
磷	27 毫克

樱桃

益气祛风
调中补气

樱桃色泽鲜艳、晶莹美丽，红如玛瑙，黄如凝脂，营养特别丰富，含铁量居水果之首。樱桃的味道甘甜而微酸，既可鲜食，又可腌制或作为其他菜肴的点缀，备受青睐。

● 功效

发汗，益气，祛风，透疹，缓解贫血，调中补气，祛风湿。

适宜消化不良、风湿腰腿痛、体质虚弱、面色无华者食用。

每100克樱桃含有：

热量	194 千焦
蛋白质	1.1 克
膳食纤维	0.3 克
碳水化合物	10.2 克
钾	232 毫克
钙	11 毫克
钠	8 毫克
维生素C	10 毫克
维生素E	2.22 毫克

● 选购与储存

樱桃的颜色如果是深红色或偏暗红色的，通常就比较甜。暗红色的最甜，鲜红色的略微有点酸。新鲜的樱桃可保存3~7天。樱桃非常怕热，应把樱桃放置在冰箱的冷藏室内保存。

李子

生津止渴
活血利水

李子饱满圆润，玲珑剔透，形态美艳，口味甘甜，是人们喜食的传统果品之一。它既可鲜食，又可以制作成罐头、果脯，是夏季的主要水果之一。

适宜发热、口渴、慢性肝炎、口哑或失声者食用。

● 功效

清肝涤热，生津止渴，活血利水。

每100克李子含有：

热量	157 千焦
碳水化合物	8.7 克
钾	144 毫克
钙	8 毫克
磷	11 毫克
维生素C	5 毫克

● 选购与储存

选购李子时，要选择小而圆，表皮光滑、光亮，颜色均匀，且软硬适中的。李子可以放置于阴凉通风处的筐子里保存，存放前不要清洗。

红枣

**补气养血
安神定志**

红枣最突出的特点是维生素含量高，有"天然维生素丸"的美誉。在国外的一项临床研究显示，连续吃红枣的患者，恢复健康的速度要比单纯吃维生素药剂的患者快很多。

● 功效

补中益气，养血安神，缓和药性。

适宜脾胃不和、体虚咳嗽、贫血消瘦、神经衰弱者食用。

◎ 选购与储存

选择有自然光泽，捏之不变形，不脱皮，不粘连，枣皮皱纹少而浅，肉色淡黄，细实无丝条相连，核细小，口感软糯香甜的。在通风阴凉处摊晾几天，待晾透后放入缸内，加木盖盖好即可。

每100克红枣（鲜）含有：

热量	524 千焦
蛋白质	1.1 克
碳水化合物	30.5克
膳食纤维	1.9 克
钾	375 毫克
钙	22 毫克
维生素C	243 毫克

西瓜

**清热解暑
生津止渴**

西瓜被称为"盛夏之王"，清爽解渴，甘甜多汁，是盛夏佳果。果实外皮光滑，呈绿色或黑色；果瓤多汁，为红色或黄色，黄色的较为罕见。

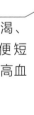

● 功效

清热解暑，生津止渴，利尿除烦，祛皱嫩肤。

适宜暑热烦渴、热病伤津、小便短赤、肾炎水肿、高血压等患者食用。

◎ 选购与储存

花皮瓜类，要纹路清楚，深浅分明；黑皮瓜类，要皮色乌黑，有光泽。无论何种西瓜，瓜蒂、瓜脐部位向里凹，藤柄向下贴近瓜皮，近蒂部粗壮青绿，都是成熟的标志。整个西瓜用保鲜膜包裹好放入冰箱，可减少水分蒸发和营养流失。

每100克西瓜含有：

热量	108 千焦
蛋白质	0.5 克
碳水化合物	6.8 克
钠	3.3 毫克
镁	14 毫克
磷	12 毫克
钾	97 毫克
钙	7 毫克

石榴

生津止渴
收敛固涩

石榴营养丰富，维生素C含量比苹果、梨要高。原产于波斯（今伊朗）一带，西汉时期从西域引入。

适宜小儿疳积、咳嗽、消化不良、久痢脱肛、肠道寄生虫病等患者食用。

● 功效

清热解毒，生津止渴，收敛固涩，止泻，平肝，止血。

每100克石榴含有：

热量	304 千焦
蛋白质	1.3 克
碳水化合物	18.5 克
膳食纤维	4.9 克
磷	70 毫克
钾	231 毫克
维生素C	8 毫克
维生素E	3.72 毫克

● 选购与储存

最好不要选圆的，看起来有点方方正正的石榴比较好。皮肉紧绷的是新鲜石榴，比较松弛的就不太新鲜。成熟石榴保存时间比较久，选完整不带伤口的石榴，最好带枝条，悬挂在通风干燥处，表皮风干，籽粒的水分不易流失。

葡萄柚

增进食欲
改善水肿

葡萄柚又名西柚，其果肉柔嫩，多汁爽口，略有香气，味偏酸、带苦味及麻舌味；其果汁略有苦味，但较爽口。全世界的葡萄柚约有一半被加工成果汁。

适宜肥胖症、肾脏病、水肿等患者食用。

● 功效

增进食欲，增加体力，利尿，改善水肿。

每100克葡萄柚含有：

热量	138 千焦
蛋白质	0.7 克
脂肪	0.3 克
碳水化合物	7.8 克
维生素C	38 毫克

● 选购技巧

选择果实坚实、紧致的，这样的葡萄柚成熟度好，同时也最新鲜。如果葡萄柚的表面已经轻微变色，或表皮有刮伤，都不会影响其食用价值和口感。将葡萄柚拿在手中，感觉很沉且厚实的，就代表其果汁含量丰富。

黄色蔬果

生姜
发散风寒
温中止呕

生姜指姜属植物的块根茎，其所含的姜辣素能刺激胃肠黏膜，使胃肠道充血，消化能力增强，能辅助治疗因吃寒凉食物过多而引起的腹胀、腹痛、腹泻、呕吐等。

适用于风寒感冒、胃寒呕逆、风寒咳嗽等症，可解鱼蟹毒。

● **功效**

发散风寒，化痰止咳，温中止呕，解毒。

每100克生姜含有：

热量	194 千焦
蛋白质	1.3 克
脂肪	0.6 克
碳水化合物	10.3 克
镁	44 毫克
磷	25 毫克
钾	295 毫克
钙	27 毫克
维生素C	4 毫克

♡ 选购与储存

宜选择修整干净，不带泥土、毛根，不烂，无蒝萎、虫伤，无受热、受冻现象的。可用报纸包好放在冰箱的冷藏室储存，冷藏室的温度不宜过低。

玉米
健脾利湿
开胃益智

玉米是一年生禾本科草本植物，是重要的粮食作物和重要的饲料来源，也是全世界总产量最高的粮食作物。中国种植玉米的时间较晚，明末清初由美洲传入欧洲再传入中国。

● **功效**

健脾利湿，开胃益智，宁心活血。

适宜便秘、消化不良者食用。

每100克玉米含有：

热量	469 千焦
蛋白质	4 克
脂肪	1.2 克
碳水化合物	22.8 克
膳食纤维	2.9 克
钾	238 毫克
维生素C	16 毫克

♡ 选购与储存

甜玉米颗粒整齐，表面光滑、平整，呈明黄色；黏玉米颗粒整齐，表面光滑、平整，色白；普通白色玉米排列不规整，玉米颗粒凹凸不平。存储处的温度要尽量低，并注意防虫。

南瓜
补中益气
化痰排脓

南瓜嫩果味甘适口，是夏秋季节的瓜菜之一。南瓜含有丰富的胡萝卜素和维生素C，可以健脾、预防胃炎、防治夜盲症、护肝，使皮肤变得细嫩。

● **功效**

补中益气，化痰排脓。

一般人群均可食用，特别适宜肥胖者和老年便秘者食用。

◐ 选购与储存

新鲜的南瓜外皮质地很硬，用指甲掐果皮，不留指痕，表面比较粗糙，虽然不太好看，但口感较好。南瓜在黄绿色蔬菜中属于非常容易保存的一种，完整的南瓜放入冰箱一般可以存放2~3个月。

每100克南瓜含有：

热量	97 千焦
蛋白质	0.7 克
碳水化合物	5.3 克
维生素C	8 毫克
磷	24 毫克
钾	145 毫克
钙	16 毫克

哈密瓜
利便益气
清热止咳

哈密瓜，又名雪瓜、贡瓜，是一类优良甜瓜品种，呈圆形或卵圆形，产于新疆。味甜，果实大，以哈密所产最为著名，故称为哈密瓜。

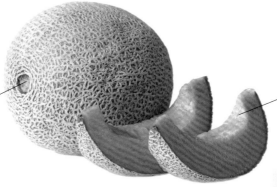

适宜暑热烦渴、心悸、咳嗽、肾炎、便秘者食用。

● **功效**

利便，益气，清肺热，止咳。

◐ 选购与储存

绿皮和麻皮的哈密瓜成熟时头部顶端会变成白色，黄皮的哈密瓜成熟时顶部会变成鲜黄色，不同品种的哈密瓜，根据顶端颜色就可以断定成熟的程度。可以将哈密瓜直接放置于阴凉通风的室内保存，也可包上保鲜膜放入冰箱冷藏。

每100克哈密瓜含有：

热量	143 千焦
蛋白质	0.5 克
碳水化合物	7.9 克
钠	26.7 毫克
磷	19 毫克
钾	190 毫克
维生素C	12 毫克

木瓜

**舒筋活络
和胃化湿**

木瓜有两大类，分别是光皮木瓜与热带水果番木瓜。光皮木瓜作药用，番木瓜作食用。光皮药用木瓜主产于安徽、山东、河南等地，番木瓜主产于云南、广西。

● **功效**

消暑解渴，舒筋活络，和胃化湿。

适宜风湿痹痛、筋脉拘挛、脚气肿痛、吐泻转筋等患者食用。

◯ 选购与储存

选购木瓜时，要选择瓜肚大、表皮光滑、颜色鲜亮、表面无色斑、椭圆形的。如果不急于吃，可选颜色黄中略带青色的，用报纸包好放在冰箱冷藏，可保存2～3天。

每100克木瓜含有：

热量	128 千焦
碳水化合物	7.2 克
膳食纤维	0.5 克
钠	31 毫克
钙	22 毫克
维生素C	31 毫克

香蕉

**利尿消肿
清热润肠**

香蕉味甜，富含营养，终年可收获，在温带地区也很受欢迎。香蕉含有天然抗生素，可抑制细菌繁殖，增加大肠里的乳酸杆菌，促进肠道蠕动，有助于通便排毒。

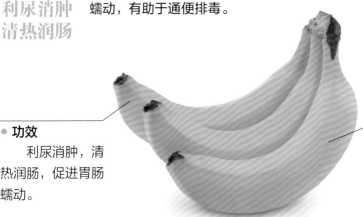

● **功效**

利尿消肿，清热润肠，促进胃肠蠕动。

适宜口干烦渴、大便干燥、消化道溃疡、肺结核等患者食用。

◯ 选购与储存

应选择果实丰满、肥壮，果形端正，蕉体弯曲，排列成梳状，果柄完整，无缺枝和脱落现象的。香蕉不能放入冰箱冷藏，若把香蕉放在12℃以下的地方储存，极易发黑、腐烂。

每100克香蕉含有：

热量	389 千焦
蛋白质	1.4 克
碳水化合物	22 克
膳食纤维	1.2 克
镁	43 毫克
磷	28 毫克
钾	256 毫克
维生素C	8 毫克

菠萝

**解暑止渴
消食止泻**

菠萝又叫凤梨，属凤梨科，常绿草本植物。原产于巴西，15世纪引进中国，主要产区在广东、广西、福建和台湾地区等。

适宜身热烦躁、肾炎、高血压、支气管炎、消化不良者食用。

● **功效**

解暑止渴，消食止泻，补脾胃，固元气，益气血，增进食欲，缓解疲劳。

● 选购与储存

挑选菠萝要注意色、香、味三方面。果实青绿、坚硬、没有香气的菠萝不够成熟。色泽已经由黄转褐，果身变软，溢出浓香的便是成熟果实。捏一捏果实，如果有汁液溢出就说明果实已经变质，不可以再食用了。已切开的菠萝可用保鲜膜包好，放在冰箱里，但存放时间不要超过2天。

每100克菠萝含有：

热量	182 千焦
碳水化合物	10.8 克
脂肪	0.1 克
蛋白质	0.5 克
膳食纤维	1.3 克

橙子

**生津止渴
和胃健脾**

橙子的营养价值很高，可以有效地补充多种维生素。橙子汁味甜而香，含有大量糖类、一定量的柠檬酸及丰富的维生素C，营养价值较高，而且含有维生素P，具有极高的药用价值。

消化不良及饮酒过多、宿酒未醒者尤其宜食。

● **功效**

生津止渴，和胃健脾，消食，去油腻，清肠道。

● 选购与储存

橙子以大小中等、香浓而皮薄者为佳。握在手里感觉沉重，颜色佳，有光泽，脐窝不是太大，气味芳香浓郁的可以放心购买。橙子用保鲜袋装起来，不要接触空气就可以存放久一点，但一定不能放入冰箱保鲜。

每100克橙子含有：

热量	202 千焦
蛋白质	0.8 克
碳水化合物	11.1 克
膳食纤维	0.6 克
磷	22 毫克
钾	159 毫克
维生素C	33 毫克

柠檬

开胃消食
生津解暑

柠檬是世界上最有药用价值的水果之一，对人体十分有益，但因其味道极酸，一般不直接食用。柠檬富含的维生素C能维持人体各种组织和细胞间质的生成，并保持它们正常的生理机能。

● **功效**

化痰止咳，开胃消食，生津解暑，健脾，利尿，增强血管弹性和韧性。

适宜口干烦渴、消化不良者，以及高血压、心肌梗死患者食用。

● 选购与储存

好的柠檬个头中等，果形椭圆，两端均凸起而稍尖，似橄榄球状，成熟者皮色鲜黄，具有浓郁的香气。完整的柠檬在常温条件下一般可以保存1个月左右；切开的柠檬只要用保鲜膜包好，放入冰箱冷藏即可。

每100克柠檬含有：	
热量	156 千焦
脂肪	1.2 克
碳水化合物	6.2 克
膳食纤维	1.3 克
钾	209 毫克
钙	101 毫克
磷	22 毫克
维生素C	22 毫克

芒果

理气止咳
健脾益胃

芒果是著名的热带水果之一，因其果肉细腻、风味独特、营养丰富，深受人们喜爱，所以素有"热带果王"之誉称。芒果中的胡萝卜素含量特别高，在所有水果中实属罕见。

● **功效**

理气止咳，健脾益胃，防止便秘，美容养颜，止呕止晕。

适宜津液不足、口渴咽燥及呕吐、小便不利等患者食用。

● 选购与储存

选皮质细腻且颜色深的，这样的芒果新鲜且已熟透。不要挑有点发绿的，那是没有完全成熟的表现。最好放在避光、阴凉的地方贮藏，如果一定要放入冰箱，应置于温度较高的蔬果箱中，保存的时间最好不要超过2天。

每100克芒果含有：	
热量	222 千焦
蛋白质	0.5 克
脂肪	0.1 克
碳水化合物	12.9 克
膳食纤维	1.1 克

第三章
瘦身养颜
调气血

　　榨汁过程中，榨汁机会把蔬果的膳食纤维切割得更加细小，此时，膳食纤维里的一些很细小的营养成分就会变成可被人体吸收的状态，榨汁喝比直接吃水果和蔬菜更利于消化。所以，经常喝蔬果汁的人会更有活力，免疫力更强，皮肤也会更好。蔬果汁不仅含有丰富的膳食纤维，还能快速提供在减肥中容易缺少的维生素和矿物质等身体必需的重要营养物质，而且蔬果汁的热量比较低，对减肥有很大帮助，很适合爱美人士长期饮用。

肌肤细嫩更年轻　润肤养颜，嫩白皮肤

猕猴桃柳橙酸奶汁

主料

猕猴桃1个，柳橙1个，酸奶130毫升。

做法

1. 将柳橙洗净，去皮，切块。
2. 将猕猴桃洗净，切开，取出果肉。
3. 将柳橙块、猕猴桃果肉及酸奶一起放入榨汁机中榨成汁即可。

功效解读

此饮品能修护皮肤，并保持肌肤亮泽，使皮肤洁净白皙，看起来白里透红。猕猴桃含有多种酶，具有养颜、抗衰老的功效。多吃柳橙，不仅可以美白，还有抗氧化作用。酸奶含有维生素A、维生素E和胡萝卜素等营养成分，能使皮肤白嫩有光泽，避免皱纹的产生。

圆白菜火龙果汁

主料

圆白菜100克，火龙果120克，冰糖、水各适量。

做法

1. 将火龙果洗净，去皮，切块。
2. 将圆白菜洗净，撕成小片。
3. 将上述材料放入榨汁机，加水、冰糖打成汁即可。

功效解读

此饮品能健胃整肠、养颜美容，还可预防便秘。火龙果是一种美容、保健圣品，且有较高的药用价值，常吃火龙果还可预防便秘、防老年病变、抑制肿瘤等。经常吃圆白菜可以美容养颜，能防止皮肤色素沉着，减少青年人雀斑，延缓老年斑的出现。

水蜜桃汁

主料

水蜜桃2个，水200毫升。

做法

1. 将水蜜桃洗净，去核，切块。
2. 将准备好的水蜜桃和水一起放入榨汁机榨汁。

功效解读

此饮品能够消脂瘦身、改善肌肤暗沉。水蜜桃含有丰富的蛋白质、碳水化合物、胡萝卜素、维生素B_1、有机酸、粗纤维、钙、铁等。中医认为，桃性温，味甘、酸，有生津润肠、活血消积、丰肌美肤的作用，可用于强身健体、益肤悦色及辅助治疗体瘦肤干、月经不调、虚寒喘咳等症。

香蕉木瓜酸奶汁

主料

香蕉1根，木瓜1个，酸奶200毫升。

做法

1. 将香蕉去皮并剥掉果肉上的果络，切块。
2. 将木瓜去皮，去瓤，切块。
3. 将香蕉块、木瓜块和酸奶一起放入榨汁机榨汁。

功效解读

此饮品能够畅体安神、美容亮肤。香蕉能够帮助体内排毒，从而改善气色。木瓜含有大量胡萝卜素、维生素C及膳食纤维等，是润肤、美颜、通便的圣品。同时，木瓜具有润肺功能，肺部得到适当的滋润，使气血通畅，身体更易吸收营养，从而使皮肤更加柔嫩、细腻，皱纹减少，面色红润。

芦荟香瓜橘子汁

主料

芦荟1段（6厘米），香瓜半个，橘子1个，水200毫升。

做法

1. 将芦荟洗净，取肉；将香瓜去皮，去瓤，切块；剥去橘子的皮，分瓣。

2. 将准备好的芦荟、香瓜、橘子和水一起放入榨汁机榨汁。

功效解读

此饮品能够美白肌肤、补充维生素。芦荟能够调节内分泌，中和黑色素，淡斑，祛痘，美白肌肤，增加皮肤亮度，使皮肤保持湿润和弹性。香瓜富含碳水化合物，可以调节脂肪代谢，提供膳食纤维，增强肠道功能。橘子富含维生素C和柠檬酸，维生素C具有美容作用，柠檬酸则具有缓解疲劳的作用。

橙子黄瓜汁

主料

橙子1个，黄瓜1根，蜂蜜适量，水200毫升。

做法

1. 将橙子去皮，切块；将黄瓜洗净，切块。

2. 将准备好的橙子、黄瓜和水一起放入榨汁机榨汁。

3. 在果汁内加入适量蜂蜜拌匀。

功效解读

此饮品能够抗氧化、美白肌肤。橙子的维生素C含量丰富，能增强人体抵抗力，也能将脂溶性有害物质排出体外，是很好的抗氧化剂。黄瓜含有丰富的黄瓜酶，能促进人体新陈代谢，达到润肤护发的美容效果。经常食用黄瓜或用其来做面膜均可有效抵抗皮肤老化，减少皱纹的产生。

香蕉火龙果汁

主料

香蕉1根，火龙果1个，水200毫升。

做法

1. 将香蕉去皮并剥去果肉上的果络，切块。

2. 将火龙果去皮，切块。

3. 将切好的香蕉、火龙果和水一起放入榨汁机榨汁。

功效解读

此饮品能够排毒养颜、美白肌肤。香蕉性寒，味甘，能清肠热，润肠通便，常用于辅助治疗热病烦渴、大便秘结等症，是习惯性便秘患者的食疗佳品。火龙果富含抗氧化剂维生素C，有美白皮肤、淡化色斑的功效。

草莓哈密瓜菠菜汁

主料

草莓4颗，哈密瓜2片，菠菜1棵，水200毫升。

做法

1. 将草莓去蒂，洗净，切块；哈密瓜去皮，去瓤，切块；菠菜洗净，切碎。

2. 将切好的草莓、哈密瓜、菠菜和水一起放入榨汁机榨汁。

功效解读

此饮品能够清热祛火、预防青春痘。草莓含有丰富的膳食纤维，可以促进胃肠蠕动，改善便秘，还能淡化痘斑。哈密瓜对人体造血功能有显著的促进作用，因而贫血者宜多吃。菠菜提取物具有增强细胞活力的作用，既能抗衰老，又能增强青春活力。

黄瓜木瓜柠檬汁

主料

黄瓜半根，木瓜1个，柠檬2片，水200毫升。

做法

1. 将黄瓜洗净，切块。

2. 将木瓜洗净，去瓤，切块。

3. 将切好的黄瓜、木瓜、柠檬和水一起放入榨汁机榨汁。

功效解读

此饮品能够抗氧化、排出毒素。黄瓜中的黄瓜酶能促进人体的血液循环，起到补水润肤的作用。黄瓜有助于排出毛孔内沉积的废物，淡化色斑。木瓜含有丰富的胡萝卜素、蛋白质、钙盐、蛋白酶、柠檬酶等，有促进新陈代谢和抗衰老的作用。柠檬中的柠檬酸具有防止和消除皮肤色素沉着的作用，爱美的女性应该多食用。

红糖西瓜汁

主料

西瓜2片，红糖适量。

做法

1. 将西瓜去皮，去籽，切块。

2. 将切好的西瓜放入榨汁机榨汁。

3. 在榨好的蔬果汁内放入红糖搅拌均匀即可。

功效解读

此饮品能够控油消痘、防止黑色素沉着。红糖中的氨基酸、膳食纤维等物质可以保护和恢复表皮、真皮的纤维结构，强化皮肤组织结构和皮肤弹性，同时给予皮肤营养，促进细胞再生。红糖中的天然酸类和色素调节物质可以调节皮肤内的色素分泌，减少局部色素的异常堆积。

葡萄柚甜椒汁

主料

葡萄柚半个，黄甜椒1个，蜂蜜适量，水200毫升。

做法

1. 将葡萄柚去皮，切块；将黄甜椒洗净，去籽，切块。

2. 将准备好的葡萄柚、黄甜椒和水一起放入榨汁机榨汁。

3. 在榨好的蔬果汁内加入适量蜂蜜搅匀。

功效解读

此饮品能够抗氧化、美白祛斑。葡萄柚可以改善毛孔粗大，调理油腻不洁的皮肤。黄甜椒特有的味道和所含的辣椒素有刺激唾液和胃液分泌的作用，能增进食欲，促进胃肠蠕动，防止便秘。但服药期间不要饮用此蔬果汁，因为葡萄柚汁中的黄酮类会抑制肝脏的代谢。

胡萝卜芦笋橙子汁

主料

胡萝卜1根，芦笋1根，橙子1个，柠檬2片，水200毫升。

做法

1. 将胡萝卜、芦笋洗净，分别切块和切段；将橙子去皮，切块。

2. 将准备好的胡萝卜、芦笋、橙子、柠檬和水一起放入榨汁机榨汁。

功效解读

此饮品能有效淡化雀斑、减少黑色素沉积。胡萝卜中的β-胡萝卜素可使皮肤处于健康状态，变得有光泽、红润、细嫩。芦笋对血管硬化、心血管疾病、肾脏疾病、胆结石、肝功能障碍和肥胖症有益处，还有利尿、减少黑色素沉积的功效。橙子几乎含有水果能够提供的所有营养成分，能增强免疫力、促进病体恢复、加速伤口愈合。

轻松瘦身一身轻 告别脂肪，重塑身形

圣女果芒果汁

主料

圣女果4个，芒果半个，水200毫升。

做法

1. 将圣女果清洗干净，去蒂，切块。

2. 将芒果清洗干净，去掉外皮和果核，切块。

3. 将切好的圣女果、芒果和水一起放入榨汁机榨汁。

功效解读

此饮品能够强壮身体、瘦身排毒。圣女果中维生素B_3的含量居果蔬之首，它是保护皮肤的重要元素，同时还具有非常好的美容、防晒效果。芒果具有益胃、解渴、利尿的功效，有助于消除水肿。

瘦身排毒

草莓水蜜桃汁

减肥瘦身

主料

草莓4颗，水蜜桃1个，菠萝2块，水200毫升。

做法

1. 将草莓洗净，去蒂，切块；将水蜜桃洗净，去核，切块；将菠萝洗净，去皮，切成小块。

2. 将切好的草莓、水蜜桃、菠萝和水一起放入榨汁机榨汁。

功效解读

此饮品能够减肥瘦身、活血化瘀、清热解暑。草莓能够促进胃肠蠕动，改善便秘。水蜜桃富含胶质，在大肠中能吸收大量水分，多吃水蜜桃可以通便排毒，从而缓解因体内毒素堆积引发的肥胖。菠萝中的特殊蛋白酶可以分解蛋白质，减少蛋白质和脂质的堆积，有利于减脂瘦身。

香蕉苦瓜汁

主料

香蕉1根，苦瓜1段（4厘米），水200毫升。

做法

1. 将香蕉去皮并剥去果肉上的果络，切块。

2. 将苦瓜洗净，去瓤，在沸水中焯一下，切丁。

3. 将切好的香蕉、苦瓜和水一起放入榨汁机榨汁。

功效解读

此饮品富含膳食纤维，经常饮用能促进脂肪和胆固醇的分解，达到纤体的效果。香蕉味甘，性寒，可以用来清热润肠，促进胃肠蠕动，具有一定的减肥功效。苦瓜性寒，具有清热消暑、凉血解毒、养肝明目的功效，历来被誉为"脂肪杀手"，能够有效减少人体对脂肪和多糖的摄取。

葡萄柚杨梅汁

主料

葡萄柚1个，杨梅4颗，水200毫升。

做法

1. 将葡萄柚去皮，切块；将杨梅洗净，去核。

2. 将准备好的葡萄柚、杨梅和水一起放入榨汁机榨汁。

功效解读

此饮品能够消脂减肥、美容护肤。葡萄柚中的维生素C可参与人体胶原蛋白的合成，促进抗体的生成，以增强人体的解毒功能；葡萄柚略有苦味，经常食用会使人的口味趋于清淡，从而减少脂肪的摄入，达到减肥的目的。杨梅含有类似辣椒素的成分，可以将体内葡萄柚的糖分立刻作为能量燃烧掉，能避免脂肪的囤积。

西瓜菠萝柠檬汁

主料

西瓜2片，菠萝2块，柠檬2片，水100毫升。

做法

1. 将西瓜去皮，去籽，切块；菠萝洗净，去皮，切成小块。

2. 将切好的西瓜、菠萝、柠檬和水一起放入榨汁机榨汁。

功效解读

此饮品能够消除水肿、瘦身美体。西瓜含有丰富的钾元素，钾是美丽双腿所必需的元素之一，常吃西瓜、多喝西瓜汁，有助于瘦身美体。菠萝含有多种维生素和矿物质，可助消化，有效酸解脂肪。柠檬富含维生素C，具有美白养颜的功效，还可以开胃助消化，减少脂肪堆积。

芹菜香蕉酸奶汁

主料

芹菜1根，香蕉1根，酸奶200毫升。

做法

1. 将芹菜洗净，切段。

2. 将香蕉去皮并剥去果肉上的果络，切块。

3. 将准备好的芹菜、香蕉和酸奶一起放入榨汁机榨汁。

功效解读

此饮品能够有效清除肠道垃圾，减少腹部脂肪。芹菜味甘、苦，性凉，具有平肝清热、除烦消肿、凉血止血、清肠利便、调节血压、润肺止咳的功效。香蕉里丰富的膳食纤维及酵素可以帮助排便及调节胆固醇，对于清除宿便很有帮助。香蕉易于消化和吸收，且能长时间提供能量。

紫苏菠萝花生汁

主料

　　紫苏叶4片，菠萝2块，熟花生适量，水200毫升。

做法

　　1. 将紫苏叶洗净，去皮，切碎；菠萝洗净，去皮，切成小块。

　　2. 将切好的紫苏叶、菠萝、熟花生和水一起放入榨汁机榨汁。

功效解读

　　此饮品能够消毒、消肿，分解肠内腐败物质，实现减肥的目的。菠萝含有菠萝蛋白酶，这种酶在胃中可分解蛋白质，补充人体内消化酶的不足，使消化不良的人恢复正常消化功能。花生的油脂当中有大量亚油酸，这种物质可使人体内的胆固醇分解为胆汁酸排出体外，避免过多胆固醇在体内沉积，减少因胆固醇超过正常值引起的多种心脑血管疾病的发生。

西蓝花橘子汁

主料

　　西蓝花2朵，橘子1个，水200毫升。

做法

　　1. 将西蓝花洗净，在热水中焯一下，切块。

　　2. 将橘子去皮，分瓣。

　　3. 将准备好的西蓝花、橘子和水一起放入榨汁机榨汁。

功效解读

　　此饮品有利于消减腹部脂肪。西蓝花营养丰富，含有蛋白质、糖类、脂肪、维生素和胡萝卜素，且其富含膳食纤维，能够促进体内废物的排出，有助于降脂减肥。橘子富含维生素C和柠檬酸，前者具有美容作用，后者则具有缓解疲劳的作用；橘子内侧的薄皮含有膳食纤维，能促进通便，排出毒素。

黄瓜胡萝卜汁

辅助减肥

主料

黄瓜1根，胡萝卜1根，水200毫升。

做法

1. 将黄瓜洗净，切块；将胡萝卜洗净，去皮，切块。

2. 将准备好的黄瓜、胡萝卜和水一起放入榨汁机榨汁。

功效解读

此饮品能够抗氧化、辅助减肥。胡萝卜含有丰富的胡萝卜素及多种维生素、钙及膳食纤维等。容易发胖的人，大多是因为代谢能力差，循环功能不佳，多余的脂肪和水分堆积在体内，日积月累就会导致肥胖。黄瓜含有丙醇二酸成分，可抑制糖类物质转变为脂肪，减少脂肪堆积，故为理想的减肥食品。建议每天都喝一点黄瓜胡萝卜汁，可以提高新陈代谢，自然地减重。

消脂减肥

苹果柠檬汁

主料

苹果1个，柠檬2片，水200毫升。

做法

1. 将苹果洗净，去核，切块。

2. 将切好的苹果、柠檬和水一起放入榨汁机榨汁。

功效解读

此饮品能够消脂减肥、促进血液循环。苹果容易使人有饱腹感，吃苹果能使人体摄入的热量减少，当身体热量不足时就要动用体内积蓄的热量，将体内的多余脂肪消耗掉，人自然就能减掉多余的体重。柠檬能够溶解多余的脂肪，清除身体各器官的代谢废物和毒素，净化血液，促进新陈代谢，清洁并修复整个消化吸收系统，增强消化能力。

西红柿葡萄柚苹果汁

主料

西红柿1个，葡萄柚半个，苹果1个，水100毫升。

做法

1. 将西红柿洗净，剥皮后切块；将葡萄柚去皮，切块；将苹果洗净，去核，切块。

2. 将准备好的西红柿、葡萄柚、苹果和水一起放入榨汁机榨汁。

功效解读

此饮品能够减肥塑身。西红柿中的番茄红素可以降低热量摄取，减少脂肪堆积，保持身体营养均衡。番茄红素可以有效清除体内自由基，保持细胞正常代谢，抗衰老。苹果所含的维生素和膳食纤维能够满足身体所需，不仅能使人有饱腹感，利于减肥，还有嫩肤的效果。

洋葱芹菜黄瓜汁

主料

洋葱1/4个，芹菜半根，黄瓜半根，水200毫升。

做法

1. 将洋葱、芹菜、黄瓜洗净，洋葱、黄瓜切块，芹菜切段。

2. 将切好的洋葱、芹菜、黄瓜和水一起放入榨汁机榨汁。

功效解读

此饮品能够利尿排毒、瘦身。洋葱中的硫矿成分和丰富的可溶性膳食纤维，能刺激胃肠道蠕动，有效改善便秘。芹菜含有利尿成分，因而能够消除身体水肿，消减大腿脂肪，起到瘦身的效果。新鲜黄瓜含有的醇二酸，能有效地抑制糖类转化为脂肪，故常吃黄瓜可帮助减肥。

改善月经不调 每个月的那几天不再是困扰

姜枣橘子汁

主料

生姜2片，红枣4颗，橘子半个，水200毫升。

做法

1. 将生姜去皮，切成末；将红枣洗净，去核；将橘子去皮，分瓣。

2. 将准备好的生姜、红枣、橘子和水一起放入榨汁机榨汁。

功效解读

此饮品能够驱除体内寒气，适用于畏寒之人。红枣性温，味甘，具有补中益气、养血安神的作用；生姜性温，味辛，具有温中止呕、解表散寒的作用。二者合用，可充分发挥作用，促进气血循环，改善手脚冰凉的症状。橘子则具有开胃理气、止咳润肺的功效。

胡萝卜豆浆汁

主料

胡萝卜半根，豆浆200毫升。

做法

1. 将胡萝卜洗净，切成丁。

2. 将胡萝卜丁和豆浆一起放入榨汁机榨汁。

功效解读

此饮品适用于月经不调、痛经者。豆浆有安神养志的功效，适宜在经期饮用。女性多贫血，豆浆有助于改善贫血的症状，其调养作用比牛奶要好。中老年女性饮用豆浆，还可调节内分泌、抗衰老；青年女性喝豆浆，可以美白养颜、预防青春痘。豆浆中的异黄酮对于月经不调有很好的调理作用，还能预防乳腺癌、骨质疏松等疾病。

芹菜苹果胡萝卜汁

主料

芹菜半根，苹果半个，胡萝卜半根，水200毫升。

做法

1. 将芹菜洗净，切段；苹果洗净，去核，切块；胡萝卜洗净，切块
2. 将三者和水一起放入榨汁机榨汁。

功效解读

此饮品能够润肺除烦、改善经期不适。芹菜营养十分丰富，其蛋白质的含量比一般瓜果蔬菜高1倍，铁含量为西红柿的20倍左右，芹菜还含有丰富的胡萝卜素和多种维生素，对人体健康十分有益。苹果所含的钾元素能够增强人体的免疫功能，对女性非常有好处。白细胞减少症、前列腺增生患者均不宜多喝此饮品，以免症状加重或影响治疗效果。

生姜苹果汁

主料

生姜4片，苹果半个，水200毫升。

做法

1. 将生姜去皮，洗净，切碎。
2. 将苹果洗净，去皮，去核，切块。
3. 将生姜碎、苹果块和水一起放入榨汁机榨汁。

功效解读

此饮品能促进血液循环、缓解痛经。生姜富含姜辣素，对心脏和血管有一定的刺激作用，可使心跳加快、血管扩张，从而使络脉通畅，供血正常。苹果可促进血液内白细胞的生成，增强人体免疫力，增强神经系统和内分泌功能，同时，还有助于美容养颜。

圣女果圆白菜汁

主料

圣女果4个，圆白菜2片，水200毫升。

做法

1. 将圣女果洗净，切块。

2. 将圆白菜洗净，在水中焯一下，切碎。

3. 将准备好的圣女果、圆白菜和水一起放入榨汁机榨汁。

功效解读

此饮品适于女性经期饮用，可缓解经期不适症状。圣女果味甘、酸，性微寒，对便秘、食肉过多、口渴口臭、胸膈闷热、喉炎肿痛者有益。圣女果含有大量维生素C，维生素C是人体结缔组织所需成分，对软骨、血壁管、韧带和骨的基层部分有增强作用。圆白菜富含叶酸，孕期女性、贫血者可多吃。

缓解经期不适

苹果菠萝生姜汁

驱除宫寒

主料

苹果半个，菠萝2块，生姜4片，水200毫升。

做法

1. 将苹果洗净，去皮，去核，切块；菠萝洗净，去皮，切成小块；生姜洗净，切末。

2. 将准备好的苹果、菠萝、生姜和水一起放入榨汁机榨汁。

功效解读

此饮品有驱除宫内寒气的功效。生姜味辛，性温，具有促进血液循环的作用，经期吃姜，有助于驱除宫内寒气。女性吃姜还能抗衰老、减少胆结石的发生。苹果和菠萝具有益气润肺、生津止渴、益脾止泻、提高免疫力的功效。

苹果橙子生姜汁

主料

苹果1个，橙子1个，生姜2片，水200毫升。

做法

1. 将苹果洗净，去皮，去核，切块；将橙子去皮，分开；将生姜洗净，切末。

2. 将准备好的苹果、橙子、生姜和水一起放入榨汁机榨汁。

功效解读

此饮品能够促进血液循环、缓解疼痛。生姜能够有效促进血液循环，缓解疼痛。苹果中的磷和铁等元素易被肠壁吸收，有补脑养血、宁神安眠的作用。橙子含有大量维生素C和胡萝卜素，能软化血管，促进血液循环。

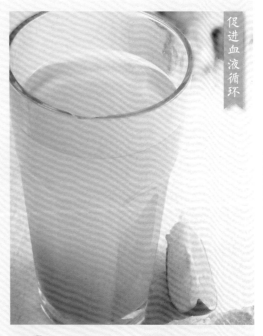

菠菜圆白菜胡萝卜汁

主料

菠菜2棵，圆白菜2片，胡萝卜1根，蜂蜜适量，水200毫升。

做法

1. 将菠菜、圆白菜洗净，切碎；将胡萝卜洗净，切块。

2. 将准备好的菠菜、圆白菜、胡萝卜和水一起放入榨汁机榨汁。

3. 在榨好的蔬果汁内加入适量蜂蜜搅匀即可。

功效解读

此饮品能够补血止血、预防贫血。菠菜对缺铁性贫血有改善作用，能令人面色红润。菠菜含有大量抗氧化剂，具有抗衰老、促进细胞增殖的作用，既能激活大脑功能，又可增强青春活力。圆白菜有助于提高人体免疫力，预防感冒。

香蕉橙子汁

主料

香蕉1根，橙子半个，水200毫升。

做法

1. 将香蕉去皮并剥去果肉上的果络，切块。

2. 将橙子洗净，切块。

3. 将香蕉块、橙子块和水一起放入榨汁机榨汁。

功效解读

此饮品不仅能缓解经期不安情绪，还有美容养颜的功效。香蕉含有丰富的维生素B_6，而维生素B_6具有安定神经的作用，不仅可以缓解女性在经期的不安情绪，还有助于改善睡眠、减轻痛经症状。橙子对于缓解郁闷情绪也有很好的调节作用，还有预防子宫肌瘤的作用。

菠萝柠檬豆浆汁

主料

菠萝4块，柠檬2片，豆浆200毫升。

做法

1. 将菠萝洗净，去皮，切成小块。

2. 将菠萝块、柠檬片和豆浆一起放入榨汁机榨汁。

功效解读

此饮品加热饮用能够安神止痛、放松心情。豆浆含有一种植物雌激素，该物质可调节女性内分泌，常喝豆浆可调节女性体内雌激素与孕激素的水平，使分泌周期保持正常。菠萝、柠檬和豆浆制成的蔬果汁，味道酸甜可口，其清香的气味还能起到安神除烦的作用。

葡萄柚葡萄干牛奶汁

补血安神

主料

葡萄柚1个，牛奶200毫升，葡萄干适量。

做法

1. 将葡萄柚去皮，切块；葡萄干洗净。

2. 将葡萄柚块、葡萄干、牛奶一起放入榨汁机榨汁。

功效解读

此饮品可有效提高免疫力、补血安神、缓解便秘。葡萄柚具有健胃、润肺、补血、清肠、利便等功效，女性食用能够缓解紧张和抑郁情绪。葡萄柚还有增强体质的功效，它帮助身体更容易吸收钙及铁，其所含有的天然叶酸有预防贫血的功效。牛奶有安神的作用，睡前饮用可促进睡眠。葡萄干含有膳食纤维，可促进胃肠蠕动，缓解经期便秘。

瘦身养颜调气血

西蓝花猕猴桃汁

预防子宫疾病

主料

西蓝花2小朵，猕猴桃1个，水200毫升。

做法

1. 将西蓝花洗净，切块，在热水中焯一下。

2. 将猕猴桃去皮，切块。

3. 将准备好的西蓝花、猕猴桃和水一起放入榨汁机榨汁。

功效解读

此饮品能够增强抵抗力，预防子宫疾病。西蓝花能提高人体免疫功能，在防治子宫疾病、乳腺癌等方面具有一定的辅助食疗功效。西蓝花能给人体补充一定量的硒、维生素C和胡萝卜素。猕猴桃含有丰富的膳食纤维，它不仅能调节胆固醇，还可促进消化，防止便秘。

不再做"冰山公主"
调补气血，改善畏寒体质

胡萝卜苹果醋汁

主料

胡萝卜半根，苹果醋8毫升，水200毫升。

做法

1. 将胡萝卜洗净，切成丁。

2. 将胡萝卜丁、苹果醋、水一起放入榨汁机榨汁。

功效解读

此饮品可促进血液循环，改善畏寒体质。胡萝卜能够增强体力和免疫力，激活内脏功能，促进血液运行，从而达到调理内脏、暖身、滋养的功效。苹果醋中的柠檬酸能够促进血液循环，缓解疲劳，改善畏寒体质。

改善畏寒体质

温经散寒

南瓜肉桂粉豆浆汁

主料

南瓜4片，豆浆200毫升，肉桂粉适量。

做法

1. 将南瓜洗净，去皮，去瓤，切块。

2. 将准备好的南瓜、肉桂粉和豆浆一起放入榨汁机榨汁。

功效解读

此饮品能够促进血液循环，温经散寒。南瓜不仅含有丰富的碳水化合物、淀粉、脂肪和蛋白质，而且含有人体造血必需的微量元素铁和锌，其中，铁是构成血液中红细胞的重要成分之一，锌直接影响红细胞的功能。肉桂粉能温通血脉、散寒止痛，用于缓解寒凝气滞引起的痛经、肢体疼痛等症。

红枣生姜汁

主料

生姜2片，红枣4颗，水200毫升。

做法

1. 将生姜洗净，去皮，切成末。
2. 将红枣洗净，去核。
3. 将准备好的生姜、红枣和水一起放入榨汁机榨汁。

功效解读

此饮品能够滋阴润燥、祛除体内寒气。红枣具有益气养肾、补血养颜、治虚劳损的功效。红枣为补养佳品，食疗药膳中常加入红枣，以补养身体、滋润气血。生姜含有挥发性姜油酮和姜油酚，不仅具有活血、祛寒、除湿、发汗等作用，还有健胃止呕和消水肿的功效。需要注意的是，此蔬果汁不宜多饮，避免产生口干、咽喉肿痛、便秘等"上火"症状。

香瓜胡萝卜芹菜汁

主料

香瓜半个，胡萝卜1根，芹菜半根，蜂蜜适量，水200毫升。

做法

1. 将香瓜去皮，去瓤，切块；胡萝卜洗净，去皮，切块；芹菜洗净，切段。
2. 将香瓜块、胡萝卜块、芹菜段和水一起放入榨汁机榨汁。
3. 在榨好的蔬果汁内加入适量蜂蜜搅拌均匀即可。

功效解读

此饮品能够促进血液循环和新陈代谢。胡萝卜含有丰富的维生素A，可以促进机体的正常生长与代谢。食用香瓜可促进人体心脏、肝脏和肠道系统的活动，从而促进新陈代谢，并增强造血机能。芹菜含有丰富的铁质，是缺铁性贫血患者的佳蔬。

生姜汁

主料

生姜4片，蜂蜜适量，水200毫升。

做法

1. 将生姜去皮，切成末。

2. 将切好的生姜和水一起放入榨汁机榨汁。

3. 在榨好的蔬果汁内放入适量蜂蜜拌匀。

功效解读

此饮品能够增进食欲、温胃止吐、温经散寒。生姜可以祛寒和中，味道清香，胃溃疡、虚寒性胃炎、肠炎及风寒感冒患者可服生姜以散寒发汗、温胃止吐、杀菌镇痛；生姜对缓解畏寒怕冷症状有很大帮助，对于缓解痛经也有辅助疗效，寒凉体质的女性可以多吃姜。

玉米牛奶汁

主料

玉米1根，生姜2片，牛奶200毫升。

做法

1. 将玉米蒸熟，剥下玉米粒。

2. 将生姜去皮，切成末。

3. 将玉米粒、生姜末和牛奶一起放入榨汁机榨汁。

功效解读

此饮品能够为身体提供能量，改善畏寒体质。生姜性温，它能使血管扩张，加快血液循环，促使身上的毛孔张开，这样不但能把多余的热带走，同时还把体内的病菌、寒气一同带出。玉米有开胃益智、宁心活血、调理中气等功效。牛奶中的钙质容易被吸收，而且磷、钾、镁等多种矿物质的搭配也比较合理，常喝牛奶能使人保持充沛的体力。

胡萝卜菠菜汁

主料

胡萝卜半根，菠菜2棵，水200毫升。

做法

1. 将胡萝卜洗净，切成丁；将菠菜洗净，切碎。

2. 将准备好的胡萝卜、菠菜和水一起放入榨汁机榨汁。

功效解读

此饮品有利于改善人体血液循环，并能调理贫血。菠菜含有丰富的胡萝卜素、维生素C、钙、磷及一定量的铁、维生素E等有益成分，能为人体补充多种营养物质。菠菜含有大量铁质，对缺铁性贫血有很好的辅助治疗作用。胡萝卜含有丰富的维生素，并有轻微且持续的发汗作用，可刺激皮肤的新陈代谢，改善血液循环。

草莓牛奶汁

主料

草莓6颗，牛奶200毫升。

做法

1. 将草莓去蒂，洗净后切块。

2. 将切好的草莓和牛奶一起放入榨汁机榨汁。

功效解读

此饮品适用于贫血、体质虚弱者。草莓中的叶酸和维生素能够相互作用，促进红细胞的生成，有预防贫血的功效。牛奶不但是提供钙元素的好食品，而且含有大量蛋白质、维生素（包括维生素D）和矿物质，这些元素都是对抗骨质疏松的关键元素。

梅脯红茶汁

主料

梅脯4颗，红茶200毫升。

做法

1. 将梅脯去核，切成适当大小。
2. 将梅脯块和红茶一同放入榨汁机榨汁。

功效解读

此饮品可补充铁元素，调治贫血。梅脯富含碳水化合物，能够储存和提供维持大脑活动必需的能量；且其含有丰富的膳食纤维，能够调节脂肪代谢。另外，梅脯含有丰富的铁元素，铁在体内有运送氧气的作用，如果体内缺铁，就会因为缺氧而导致贫血，因而梅脯有预防贫血的功效。红茶有散寒、暖胃、温阳、明目提神的功效，是养生佳品。

红葡萄汁

主料

红葡萄1串，水100毫升。

做法

1. 将红葡萄洗净。
2. 将红葡萄和水一同放入榨汁机榨汁。

功效解读

此饮品可预防和改善贫血，适用于贫血和体质虚弱者。红葡萄能生津止渴、补益气血、强筋骨、利小便，红葡萄中的糖主要是红葡萄糖，很容易被人体吸收，特别是当人体出现低血糖症状时，只要及时饮用红葡萄汁，便可很快缓解症状。

毛豆葡萄柚酸奶汁

主料

葡萄柚半个，酸奶200毫升，熟毛豆适量。

做法

1. 将葡萄柚去皮，取出果肉；将熟毛豆去荚，取豆粒。

2. 将准备好的葡萄柚、酸奶、熟毛豆粒一起放入榨汁机榨汁。

功效解读

此饮品能够改善气色。毛豆中的铁易被人体吸收，可以作为儿童补铁食物。毛豆含有黄酮类化合物，特别是大豆异黄酮，被称为天然植物雌激素，在人体内具有雌激素的作用，可以改善妇女更年期的不适，防治骨质疏松。葡萄柚含有天然叶酸，能够起到预防和治疗贫血的作用。酸奶能增加胃酸等消化液的分泌，因而能增强人的消化能力，增进食欲。

樱桃枸杞子桂圆汁

主料

樱桃6颗，桂圆6颗，枸杞子10粒，水200毫升。

做法

1. 将樱桃洗净，去核；将桂圆去壳，去核。

2. 将准备好的樱桃、桂圆、枸杞子和水一起放入榨汁机榨汁。

功效解读

此饮品能够补肾益气、调理气色。樱桃含铁量高，常食樱桃可补充人体对铁元素的需求，促进血红蛋白再生，既可防治缺铁性贫血，又可增强体质。桂圆对脾胃虚弱、食欲不振、气血不足、体虚乏力有很好的调节作用。枸杞子含有甜菜碱、多糖、胡萝卜素、多种维生素及矿物质等营养成分，对人体造血功能有促进作用。

调理孕产期不适
轻轻松松迎接"小宝贝"

芒果苹果橙子汁

主料

芒果1个，苹果1个，橙子1个，蜂蜜适量，水200毫升。

做法

1. 将芒果去皮，去核，切块；苹果洗净，去核，切块；橙子去皮，分开。

2. 将准备好的芒果、苹果、橙子和水一起放入榨汁机榨汁。

3. 在榨好的蔬果汁内加入适量蜂蜜搅拌均匀即可。

功效解读

此饮品能够补充营养、防止孕吐。苹果性平，味甘、酸，孕妇每天吃一个苹果可以减轻妊娠反应。橙子营养丰富，能够为身体补充足够的营养。芒果含有酸性成分，在一定程度上可以抑制孕吐反应。

芝麻菠菜汁

主料

芝麻2勺，菠菜2把，水200毫升。

做法

1. 将菠菜洗净，切碎。

2. 将菠菜碎、芝麻和水一起放入榨汁机榨汁。

功效解读

此饮品能够益气补血、补充营养。芝麻有滋养、补血、生津、润肠、通乳和养发等功效，适用于身体虚弱、贫血、津液不足、大便秘结等症。菠菜的含铁量较高，芝麻跟菠菜一起食用，有助于人体吸收铁质，可及时为身体补血。

红薯香蕉杏仁汁

主料

红薯半个，香蕉1根，牛奶200毫升，杏仁适量。

做法

1. 将红薯洗净，去皮，切成丁。

2. 将香蕉去皮并剥去果肉上的果络，切成块。

3. 将准备好的红薯、香蕉、杏仁和牛奶一起放入榨汁机榨汁。

功效解读

此饮品能够补充孕妇所需的营养，还有润肠通便的作用。红薯含有丰富的膳食纤维、胡萝卜素、多种维生素及微量元素等，营养价值很高，被营养学家称为营养最均衡的保健食品。杏仁味苦，内含的脂肪油能提高肠内物质对黏膜的润滑作用，故有润肠通便的功能。

土豆芦柑生姜汁

主料

土豆半个，芦柑1个，生姜1片，水200毫升。

做法

1. 将土豆洗净，去皮，切块，在沸水中焯一下；芦柑剥皮，分开果肉；将生姜洗净，去皮，切成末。

2. 将准备好的土豆、芦柑、生姜和水一起放入榨汁机榨汁。

功效解读

此饮品能够有效缓解孕吐症状，还可稳定情绪。芦柑所含的橘皮苷可以加强毛细血管的韧性，预防孕妇在怀孕期间情绪出现太大波动。芦柑所散发的气味能够沁人心脾，防止孕吐。生姜可以温暖子宫、通利血脉，起到驱除寒邪、改善症状的效果。

香蕉水蜜桃牛奶汁

主料

香蕉1根，水蜜桃1个，牛奶200毫升。

做法

1. 将香蕉去皮并剥去果肉上的果络，切块。

2. 将水蜜桃洗净，去核，切块。

3. 将香蕉块、水蜜桃块和牛奶一起放入榨汁机榨汁即可。

功效解读

此饮品能够预防便秘、舒缓情绪。水蜜桃有补益气血、养阴生津的作用，可用于大病之后气血亏虚、面黄肌瘦、心悸气短者。水蜜桃含有丰富的维生素和矿物质，其中铁的含量是苹果和梨中铁含量的4~6倍，是缺铁性贫血的理想辅助食物。香蕉内丰富的果胶可调整胃肠机能，帮助消化，预防孕期便秘。

葡萄苹果汁

主料

葡萄8颗，苹果1个，水200毫升。

做法

1. 将葡萄洗净；将苹果洗净，去皮，去核，切块。

2. 将葡萄、苹果块和水一起放入榨汁机榨汁。

功效解读

此饮品有助于产后调理，可提高产妇的免疫力。葡萄含铁量丰富，身体虚弱、营养不良的人，多吃葡萄有助于恢复健康、补充体力。苹果富含维生素C，有助于增强细胞的抗氧化能力，提高产妇免疫力；其所含的果胶还有助于缓解便秘。

菠萝西瓜皮菠菜汁

主料

菠萝2块，西瓜皮2片，菠菜2棵，水200毫升。

做法

1. 将菠萝洗净，去皮，切成小块；将西瓜皮去表皮，切块；将菠菜洗净，切碎。

2. 将准备好的菠萝、西瓜皮、菠菜和水一起放入榨汁机榨汁。

功效解读

此饮品能够补气生血、补充维生素。研究发现，缺乏叶酸会使脑中的血清素减少，从而导致精神性疾病，因此含有大量叶酸的菠菜被认为是快乐食物之一。孕期补充足够的叶酸，可以预防新生儿先天性缺陷的发生。菠萝含有丰富的维生素，可以抗氧化，有美容功效。

莴苣生姜汁

主料

莴苣1段（4厘米），生姜1片，水200毫升。

做法

1. 将莴苣去皮，洗净，切块；将生姜洗净，切成末。

2. 将切好的莴苣、生姜和水一起放入榨汁机榨汁。

功效解读

此饮品能够增进食欲、缓解孕吐。莴苣微带苦味，可刺激消化酶的分泌，增进食欲，还可增强胆汁、胃液的分泌，促进食物的消化。莴苣还富含钾元素，钾能促进排尿和乳汁的分泌，孕妇食用颇有益处。生姜具有清胃、促进肠道蠕动、调节胆固醇、治疗恶心呕吐、抗病毒性感冒、稀释血液和缓解风湿等多种功效。

菠菜苹果汁

主料

菠菜2棵，苹果1个，柠檬2片，水200毫升。

做法

1. 将菠菜洗净，切碎；将苹果洗净，去核，切块。

2. 将准备好的菠菜、苹果、柠檬片和水一起放入榨汁机榨汁。

功效解读

此饮品能够补血养血、调理气色。菠菜有很好的护脑功能，对于调理气色、促进血液循环有益处。柠檬味极酸，有生津、止渴、祛暑、安胎的作用。《食物考》中记载：“柠檬浆饮渴瘳，能避暑。孕妇宜食，能安胎。”孕妇易出现缺铁性贫血，而铁质在酸性条件下或在维生素C存在的情况下更容易被吸收，故苹果对孕妇来说是很好的补血食品。

什锦果汁

主料

猕猴桃半个，番石榴1个，菠萝2块，橙子1个，水200毫升。

做法

1. 将猕猴桃去皮，切块；番石榴、菠萝洗净，菠萝去皮，切成小块；橙子去皮，分开。

2. 将准备好的猕猴桃、番石榴、菠萝、橙子和水一起放入榨汁机榨汁。

功效解读

此饮品能够补充天然维生素。猕猴桃中的胡萝卜素可以提高人体免疫力，有助于胎儿眼睛的发育；其所含丰富的维生素C和维生素E能够增强身体的抵抗力，促进人体对糖类的吸收，让胎儿获得营养。番石榴含有较多维生素A、维生素C、膳食纤维及多种微量元素，常吃能排出体内毒素、促进新陈代谢，是非常适合孕产妇食用的水果。

第四章
补肾强肝 释压力

　　每天一杯蔬果汁，实际上喝掉了比想象中还要多的蔬菜和水果。在蔬果汁的世界里，一加一绝对大于二。蔬果汁能够有效缓解工作压力及疲劳，增加活力，经常喝蔬果汁不仅能增强身体的抵抗力，也会使大脑变得更有活力。自制蔬果汁最大的好处是卫生可靠、新鲜自然、营养不流失，且不含任何色素、香料、防腐剂及糖精等化学原料，因此具有较高的安全性，可以放心饮用。

芦笋牛奶汁

主料

芦笋1段（4厘米），牛奶200毫升，白芝麻适量。

做法

1. 将芦笋去皮，洗净，切段。
2. 将白芝麻洗净，炒熟，研末。
3. 将准备好的芦笋、白芝麻和牛奶一起放入榨汁机榨汁。

功效解读

此饮品能够缓解精神疲劳，改善亚健康状态。白芝麻有补血明目、祛风润肠、益肝养发、强身体、抗衰老的功效。牛奶含有促进血清素合成的原料——色氨酸，可产生具有调节作用的肽类，肽类有助于缓解疲劳、促进睡眠。芦笋富含人体所需的氨基酸，有助于提高免疫力。

菠萝甜椒杏汁

主料

菠萝2块，甜椒半个，杏4颗，水200毫升。

做法

1. 将菠萝洗净，去皮，切成小块。
2. 将甜椒洗净，去籽，切块；杏洗净，去核，切块。
3. 将准备好的菠萝、甜椒、杏和水一起放入榨汁机榨汁。

功效解读

此饮品能够预防感冒、缓解疲劳。甜椒富含B族维生素、维生素C和抗氧化剂，牙龈出血、免疫力低下者适宜多吃。菠萝富含维生素B_1，能促进机体的新陈代谢，有缓解疲劳的作用。杏能够降低人体内胆固醇的含量，降低心血管疾病的发病率。

胡萝卜菠萝汁

主料

胡萝卜半根，菠萝2块，水200毫升。

做法

1. 将胡萝卜洗净，切块。

2. 将菠萝洗净，去皮，切成小块。

3. 将切好的胡萝卜、菠萝和水一起放入榨汁机榨汁。

功效解读

此饮品能够提高免疫力。胡萝卜营养丰富，有补益作用，能防止维生素A、B族维生素缺乏引起的疾病；胡萝卜所含的挥发油、咖啡酸、对羟基苯甲酸等有一定杀菌作用；此外，胡萝卜所含的叶酸有防癌作用，木质素也能提高人体对肿瘤的免疫力。菠萝中丰富的B族维生素能有效地滋养肌肤，也可以消除身体的紧张感并提高免疫力。

香瓜橘子汁

主料

芦荟1段（6厘米），香瓜2块，橘子、柠檬各半个，水200毫升。

做法

1. 将芦荟洗净，切成丁；将香瓜去皮，去瓤，切成小块；将橘子去皮，分瓣；柠檬洗净，切块。

2. 将准备好的芦荟、香瓜、橘子、柠檬和水一起放入榨汁机榨汁。

功效解读

此饮品能够对抗电磁辐射、缓解疲劳。芦荟中的黏液是防止细胞老化的重要成分，芦荟能够促进血液循环、对抗电磁辐射、保护细胞、提高免疫力、解酒护肝。香瓜富含维生素C，经常饮用香瓜汁可以缓解疲劳、改善失眠。橘子能够减少体内的坏胆固醇，防止血脂过高。

哈密瓜菠萝汁

主料

哈密瓜2块，菠萝2块，水200毫升。

做法

1. 将哈密瓜去皮，去瓤，切成丁。

2. 将菠萝洗净，去皮，切成丁。

3. 将切好的哈密瓜、菠萝和水一起放入榨汁机榨汁。

功效解读

此饮品酸甜可口，能够清热祛燥。哈密瓜淡雅的清香能够使人心情愉悦，同时也能起到生津止渴的功效。哈密瓜香甜可口，果肉细腻，因果肉越靠近瓜瓤处，甜度越高，越靠近果皮处越硬，所以皮最好削厚一点，口感更美味。菠萝性平，味甘，具有健胃消食、补脾止泻、清胃解渴等功效。

洋葱苹果汁

主料

洋葱半个，苹果1个，水200毫升。

做法

1. 剥掉洋葱的表皮，切块，再用微波炉加热30秒使其变软。

2. 将苹果洗净，去皮，去核，切块。

3. 将洋葱块、苹果块放入榨汁机，加入水后榨汁即可。

功效解读

此饮品具有安神养心、改善睡眠质量的功效。洋葱能促进维生素B_1的吸收，促进血液循环，具有祛寒和安眠作用。洋葱含有碳水化合物、蛋白质及各种矿物质、维生素等营养成分，对人体代谢起一定作用，能较好地调节神经功能，增强记忆力。苹果所含的磷和铁等元素易被肠壁吸收，具有补脑养血、宁神安眠的作用。

葡萄圆白菜汁

主料

葡萄10颗，圆白菜2片，水200毫升。

做法

1. 将葡萄洗净；将圆白菜洗净，切碎。

2. 将准备好的葡萄、圆白菜和水一起放入榨汁机榨汁。

功效解读

此饮品能够改善和预防亚健康。葡萄可用于脾虚气弱、气短乏力、水肿、小便不利等病症的辅助治疗。圆白菜能提高人体免疫力，可预防感冒，还有较强的抗氧化、抗衰老作用，对于饮食不规律、饮食结构不科学的上班族来说，食用圆白菜还能够保护胃肠健康。

香蕉西红柿牛奶汁

主料

香蕉1根，西红柿1个，牛奶200毫升。

做法

1. 将香蕉去皮并剥去果肉上的果络，切块。

2. 将西红柿洗净，在沸水中浸泡10秒，去掉西红柿的表皮，切块。

3. 将准备好的香蕉、西红柿和牛奶一起放入榨汁机榨汁。

功效解读

此饮品能够补充能量、缓解疲劳。香蕉含有可以让肌肉松弛的镁元素，工作压力大的朋友可以多食用。香蕉能促进大脑分泌内啡肽化学物质，可缓解抑郁和不安情绪，提高工作效率，缓解疲劳。西红柿具有减肥瘦身、缓解疲劳、增进食欲、提高对蛋白质的消化、减少胃胀食积等功效。

释放压力心情好 抛开烦恼，安心睡眠

苹果葡萄柚汁

主料

苹果1个，葡萄柚2块，水200毫升。

做法

1. 将苹果洗净，去核，切块。
2. 将葡萄柚去皮，切成小块。
3. 将准备好的苹果、葡萄柚和水一起放入榨汁机榨汁。

功效解读

此饮品能够平稳情绪、清肝火。苹果是低热量食物，是减肥的理想食物，可防止体态过胖，并使皮肤润滑柔嫩。葡萄柚不但有浓郁的香味，而且可以净化繁杂思绪、提神醒脑，其富含的维生素C不仅可以维持红细胞的浓度，增强身体抵抗力，还能缓解压力。

平稳情绪

菠萝柠檬汁

改善不良情绪

主料

菠萝2块，柠檬2片，水200毫升。

做法

1. 将菠萝洗净，去皮，切成小块。
2. 将准备好的菠萝、柠檬片和水一起放入榨汁机榨汁。

功效解读

此饮品能够改善不良情绪、开胃生津。菠萝含有丰富的B族维生素、维生素C，有助于缓解疲劳、释放压力。特别注意，患有溃疡病、肾脏病、凝血功能障碍的人应禁食菠萝。过敏体质者最好不要吃菠萝，食用后可能会发生过敏反应。柠檬果皮富含芳香挥发成分，可以生津解暑、开胃醒脾。

橘子蜂蜜汁

主料

橘子2个，蜂蜜适量，水200毫升。

做法

1. 将橘子去皮，分瓣。

2. 将准备好的橘子和水一起放入榨汁机榨汁。

3. 在榨好的果汁内加入适量蜂蜜搅拌均匀即可。

功效解读

此饮品能够调节精神的紧张状态。蜂蜜含有多种维生素、矿物质、果糖、葡萄糖、氧化酶、还原酶、有机酸和有益人体健康的微量元素，具有滋养润燥、排毒解毒的功效。食用蜂蜜能迅速补充体力，缓解疲劳，增强对疾病的抵抗力。橘子含有丰富的维生素C与柠檬酸，有美容和缓解疲劳的作用。

橘子芒果汁

主料

橘子1个，芒果1个，水200毫升。

做法

1. 将橘子去皮，分瓣。

2. 将芒果去皮，去核，并把果肉切块。

3. 将准备好的橘子、芒果和水一起放入榨汁机榨汁。

功效解读

此饮品能够使人改善情绪。橘子具有疏肝理气、消肿散毒的功效。芒果含有糖类、蛋白质及膳食纤维，其所含的维生素A的前体胡萝卜素成分特别多，维生素C的含量也不低，食用芒果能够益胃、解渴、利尿，有助于消除因长期坐着导致的腿部水肿。橘子和芒果所含的芳香味道能够使人的心情变好，有利于改善郁闷、愁苦情绪。

莴苣芹菜汁

主料

莴苣1段（6厘米），芹菜1根，水200毫升。

做法

1. 将莴苣洗净，去皮，切块。
2. 将芹菜洗净，切段。
3. 将准备好的莴苣、芹菜和水一起放入榨汁机榨汁。

功效解读

此饮品对情绪不稳、肝火过旺引起的失眠有帮助。莴苣性寒，味苦，有益五脏、通经脉、强筋骨等功效。莴苣含有较多菊糖类物质，有镇静、安眠的功效，肝火过旺，皮肤粗糙及经常失眠、头疼的人可适当多吃些莴苣以利于缓解症状。芹菜含有大量膳食纤维，可刺激胃肠蠕动，预防便秘。

猕猴桃桑葚汁

主料

猕猴桃2个，桑葚8颗，水200毫升。

做法

1. 将猕猴桃去皮，切块。
2. 将桑葚去蒂，洗净。
3. 将准备好的猕猴桃、桑葚和水一起放入榨汁机榨汁。

功效解读

此饮品能够促进血液循环、稳定情绪、延缓衰老。猕猴桃所含的血清促进素具有稳定情绪、镇静心情的作用，其所含的天然肌醇有利于脑部活动，能使人走出情绪低谷。桑葚含有多种维生素、胡萝卜素及多种微量元素，能有效扩充人体血液容量，促进造血功能，增强机体免疫力。

香蕉西红柿汁

主料

香蕉1根，西红柿1个，柠檬2片，水200毫升。

做法

1. 将香蕉去皮并剥去果络，切块。
2. 将西红柿洗净，在沸水中浸泡10秒，剥去表皮，切块。
3. 将准备好的香蕉、西红柿、柠檬片和水一起放入榨汁机榨汁。

功效解读

此饮品能够抗氧化、调节情绪。香蕉是一种"快乐食物"，其所含的血清素、去甲肾上腺素、多巴胺都是脑中的神经传导物质，可以抗忧郁、振奋精神。柠檬是柑橘类水果中解毒、除臭功效最好的一种，还可以很好地调节情绪。西红柿含有丰富的维生素C，具有抗氧化的作用，可以减少皮肤黑色素的沉积。

草莓柳橙菠萝汁

主料

草莓8颗，柳橙半个，菠萝2块，水200毫升。

做法

1. 将草莓去蒂，洗净，切块；柳橙去皮，分开；菠萝洗净，去皮，切成小块。
2. 将准备好的草莓、柳橙、菠萝和水一起放入榨汁机榨汁。

功效解读

此饮品能够调理情绪。柳橙有清新甜美的香味，可以缓解紧张情绪，释放压力，改善因焦虑引起的失眠。草莓所含丰富的膳食纤维有缓解便秘、调节胆固醇的作用。菠萝所含的维生素B_1能促进新陈代谢，有助于缓解疲劳、增进食欲。

调理情绪

葡萄果醋汁

主料

葡萄8颗，葡萄果醋20毫升，水200毫升。

做法

1. 将葡萄洗净。

2. 将葡萄、葡萄果醋和水一起放入榨汁机榨汁。

功效解读

此饮品具有开胃助消化、放松身心的功效。研究证实，葡萄对改善失眠有很好的作用。其原因在于，葡萄含有能辅助睡眠的物质——褪黑素，可以帮助调节睡眠周期，使不正常的睡眠情况得到改善。葡萄汁有助于保护脑功能，减缓或者逆转记忆力减退。葡萄所含的香味能够缓解压抑情绪。

莴苣苹果汁

主料

莴苣1段（6厘米），苹果1个，芹菜半根，水200毫升。

做法

1. 将莴苣去皮，切块；将苹果洗净，去核，切块；将芹菜洗净，切段。

2. 将准备好的莴苣、苹果、芹菜和水一起放入榨汁机榨汁。

功效解读

此饮品能够平稳情绪、对抗失眠。莴苣可减轻疲劳、增进食欲。芹菜含有一种碱性成分，对人体能起安定作用，有利于消除烦躁、安定情绪、对抗失眠。苹果的香气可缓解抑郁情绪和压抑感。

香瓜生菜蜂蜜汁

主料

香瓜半个，生菜2片，蜂蜜适量，水200毫升。

做法

1. 将香瓜去皮，去瓤，切块；将生菜洗净，撕成小片。

2. 将准备好的香瓜、生菜和水一起放入榨汁机榨汁。

3. 在蔬果汁内加入适量蜂蜜搅拌均匀即可。

功效解读

此饮品能够缓解神经衰弱。生菜具有镇痛、催眠、辅助治疗神经衰弱、利尿、促进血液循环、抗病毒等功效，还能解除油腻、调节胆固醇。香瓜含有大量碳水化合物及柠檬酸等营养成分，且水分充足，可消暑清热、生津解渴、除烦。

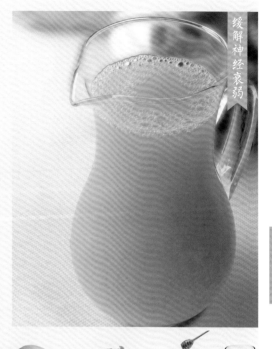

莲藕橙汁

主料

莲藕1段（6厘米），橙子1个，水200毫升。

做法

1. 将莲藕洗净，去皮，切块。

2. 将橙子去皮，切块。

3. 将准备好的莲藕、橙子和水一起放入榨汁机榨汁。

功效解读

此饮品能够缓解紧张情绪、促进睡眠。莲藕含有丰富的单宁酸，具有收敛性和收缩血管的功能，生食鲜藕或榨汁饮用，可有效缓解紧张情绪。莲藕还含有丰富的膳食纤维，可辅助治疗便秘。橙子具有镇静安神的功效，与莲藕搭配可起到促进睡眠的作用。

增强肝脏功能 酒后不再难受

西瓜莴苣汁

主料

西瓜2片，莴苣1段（4厘米），水200毫升。

做法

1. 将西瓜去皮，去籽，切块。
2. 将莴苣去皮，切块。
3. 将切好的西瓜、莴苣和水一起放入榨汁机榨汁。

功效解读

此饮品能够增强肝脏的解毒功能，具有护肝养肝的功效。西瓜汁所含的矿物质有利尿作用，所含的蛋白酶可把不溶性蛋白质转化为可溶性蛋白质。西瓜非常适宜肝病患者食用。莴苣具有增进食欲、养肝护肝等功效，对肝脏疾病有一定的辅助疗效。

芝麻香蕉奶汁

主料

香蕉1根，牛奶200毫升，白芝麻2勺。

做法

1. 香蕉去皮并剥去果肉上的果络，切块。
2. 将牛奶和香蕉块放入榨汁机榨汁，倒入杯子后撒上白芝麻即可。

功效解读

此饮品能够减轻肝脏负荷。芝麻中的木酚素类物质具有抗氧化作用，可以消除肝脏中的活性氧，减轻肝脏的负荷，缓解宿醉。香蕉所含的糖类可为肝病患者提供能量，从而减轻肝脏负担；其所含的维生素可增强肝脏解毒能力。

苦瓜绿豆汁

主料

苦瓜1段（6厘米），绿豆适量，水200毫升。

做法

1. 将苦瓜洗净，去瓤，切成丁。
2. 将绿豆洗净，浸泡3小时以上。
3. 将切好的苦瓜、泡好的绿豆和水一起放入榨汁机榨汁。

功效解读

此饮品能够消暑益气、解酒护肝。苦瓜性寒，味苦，有祛除邪热、清心明目、补肝益肝的功效。苦瓜清爽的口味不仅能够增进食欲，还能够有效预防脂肪肝。绿豆性凉，味甘，有清热解毒的功效。肝脏最重要的功能就是解毒，苦瓜、绿豆都有很好的解毒作用，经常食用苦瓜、绿豆，能够减轻肝脏负荷。

芝麻鳄梨汁

主料

鳄梨1个，白芝麻适量，水200毫升。

做法

1. 将鳄梨洗净，去核，取出果肉。
2. 将准备好的鳄梨、白芝麻和水一起放入榨汁机榨汁。

功效解读

此饮品有利于肝脏健康，并能防治贫血。鳄梨富含多种维生素、脂肪酸、蛋白质、钾、铁、叶酸、植物纤维等，鳄梨脂肪含量很高，其所含的大量酶有健胃清肠的作用，可以保护心血管和肝脏系统。白芝麻有补肝养肾的功效，可辅助治疗肝肾不足所致的腰膝酸软、眩晕耳鸣等症。

柳橙白菜汁

主料

柳橙1个，白菜2片，水200毫升。

做法

1. 将柳橙去皮，切块。

2. 将白菜洗净，切块，在水中焯一下。

3. 将切好的柳橙、白菜和水一起放入榨汁机榨汁。

功效解读

此饮品能够调节胆固醇、疏肝理气。柳橙中的维生素C可以抑制胆固醇在肝内转化为胆汁酸，从而使胆汁中胆固醇的浓度下降，降低形成胆结石的概率。白菜性微寒，有养胃生津、除烦解渴、利尿通便、清热解毒的功效，其所含的果胶可以帮助人体排出多余的胆固醇。

苦瓜胡萝卜牛蒡汁

主料

苦瓜1段（3厘米），胡萝卜半根，牛蒡适量，水200毫升。

做法

1. 将苦瓜洗净，去瓤，切块；将胡萝卜洗净，去皮，切块；将牛蒡洗净，去皮，切块。

2. 将苦瓜块、胡萝卜块、牛蒡块和水一起放入榨汁机榨汁。

功效解读

此饮品能够护肝明目、提高肝脏的解毒功能。苦瓜含有丰富的维生素C、胡萝卜素及钾，能够祛除体内的余热，具有消肿的功效。中医认为，牛蒡有疏风散热、宣肺透疹、解毒利咽等功效。胡萝卜中的维生素C可提高肝脏对铁的利用率，起到补血养肝的作用。

草莓葡萄柚黄瓜汁

主料

草莓4颗，葡萄柚1个，黄瓜半根，水200毫升。

做法

1. 将草莓去蒂，洗净，切块；将黄瓜洗净，切块；将葡萄柚去皮，切块。

2. 将草莓块、葡萄柚块、黄瓜块和水一起放入榨汁机榨汁。

功效解读

此饮品具有清肝养肝的作用。黄瓜所含的丙氨酸、精氨酸和谷胺酰胺对肝脏病人，特别是对酒精性肝硬化患者有一定的辅助治疗作用，可防治酒精中毒。草莓所含的胡萝卜素是维生素A的前体物质，具有明目养肝的作用。葡萄柚具有增进食欲、强化肝功能的作用。

香瓜芦荟橙子汁

主料

香瓜半个，芦荟1段（6厘米），橙子1个，水200毫升。

做法

1. 将香瓜去皮，去瓤，切块；将芦荟洗净，去皮取肉；将橙子去皮，分开。

2. 将香瓜块、芦荟块、橙子块和水一起放入榨汁机榨汁。

功效解读

此饮品能够利肝解毒。多食香瓜，有利于人体心脏、肝脏及肠道系统的活动，可促进内分泌、增强造血功能。芦荟含有大量多糖体，可以去掉坏的胆固醇，软化血管。芦荟中的柠檬酸钙等具有强心、促进血液循环、软化动脉、调节胆固醇含量、扩张毛细血管的作用。橙子含有黄酮类物质，能起到疏肝理气的作用。

荸荠西瓜汁

主料

荸荠10个，西瓜2片，水200毫升，薄荷叶适量。

做法

1. 将荸荠洗净，去皮，切块。
2. 将西瓜去皮，去籽，切块。
3. 将准备好的荸荠、西瓜和水一起放入榨汁机榨汁，倒入杯中放上洗净的薄荷叶装饰即可。

功效解读

此饮品能够消肿利尿、养肝护肝。荸荠质嫩多汁，能利尿通淋，对于小便淋沥涩痛者有一定的辅助治疗作用，可作为尿路感染患者的食疗佳品。由于西瓜有利尿的作用，再加上水分多，所以吃西瓜后排尿量会增加，从而减少胆色素的含量，并使大便畅通。另外，西瓜对肝脏有一定的解毒作用。

葡萄酸奶汁

主料

葡萄6颗，酸奶200毫升。

做法

1. 将葡萄洗净。
2. 将准备好的葡萄和酸奶一起放入榨汁机榨汁。

功效解读

此饮品能够增强免疫力，预防肝病。葡萄所含的多酚类物质是天然的自由基清除剂，具有很强的抗氧化活性，可以有效调整肝脏细胞的功能，抵御或减少自由基对它们的伤害。葡萄含有丰富的葡萄糖及多种维生素，对保护肝脏、减轻下肢水肿的作用非常明显，葡萄中的果酸还能帮助消化、增进食欲。酸奶含有多种酶，可促进消化吸收，抑制细菌在肠道的生长，从而减少毒素的产生，减轻肝脏负担。

姜黄香蕉牛奶汁

解酒护肝

主料

香蕉半根，牛奶200毫升，姜黄粉适量。

做法

1. 将香蕉去皮并剥掉果络，切块。

2. 将切好的香蕉、牛奶和姜黄粉一起放入榨汁机榨汁。

功效解读

此饮品可解酒护肝，适于肝脏功能减退者。姜黄粉中的姜黄素有抗氧化的作用，它能够提高酒精分解酶的分解率，降低血液中的酒精含量，减轻酒精对肝脏的损害。牛奶所含的微量元素对于解酒也有一定功效。香蕉所含的糖类可为肝病患者提供能量，从而减轻肝脏分解蛋白质和脂肪而产生的肝脏负担。

补肾强肝释压力

解酒排毒

西红柿圆白菜甘蔗汁

主料

西红柿1个，圆白菜1片，甘蔗1段（8厘米）。

做法

1. 将西红柿洗净，在其表皮上划几道口子，在沸水中浸泡10秒，剥皮，切块。

2. 将圆白菜洗净，切碎；将甘蔗去皮，切块。

3. 将准备好的西红柿、圆白菜、甘蔗一起放入榨汁机榨汁。

功效解读

此饮品能增强肝脏的解毒功能，有解酒排毒的功效。西红柿中大量的膳食纤维有助于体内各种毒素的排出，可以减轻肝脏的负担。圆白菜所含的膳食纤维能阻止肠道吸收胆固醇和胆汁酸，对胆结石、肝炎等慢性病有辅助治疗作用。甘蔗可以通便解结，饮其汁还可缓解酒精中毒。

清除体内毒素 排毒清肠，全身轻松

苹果香蕉芹菜汁

主料

苹果1个，香蕉1根，芹菜半根，水200毫升。

做法

1. 将苹果洗净，去核，切块；将芹菜洗净，切段；将香蕉去皮并剥去果络，切块。

2. 将切好的苹果、香蕉、芹菜和水一起放入榨汁机榨汁。

功效解读

此饮品能够通便排毒、调节胆固醇。香蕉含有大量水溶性膳食纤维，可以帮助肠内的有益菌生长，维持肠道健康，排出体内毒素，可有效缓解习惯性便秘。芹菜含有调节血压的成分，能够使血压保持在正常水平。

菠萝苦瓜汁

主料

菠萝2块，苦瓜1段（4厘米），水200毫升。

做法

1. 将菠萝洗净，去皮，切成小块。

2. 将苦瓜洗净，去瓤，切块。

3. 将切好的菠萝、苦瓜和水一起放入榨汁机榨汁。

功效解读

此饮品可清热解毒、去油解腻。菠萝含有多种矿物质、维生素、碳水化合物、有机酸等，能够补充身体所需营养，增进食欲、去油解腻。经常在外就餐的人吃菠萝能够调节胆固醇，保护胃肠、肝脏健康。苦瓜的热量很低，几乎不含脂肪，并能避免人体吸收大量油脂。

白菜牛奶汁

主料

白菜1片，牛奶200毫升。

做法

1. 将白菜洗净，切碎。

2. 将切好的白菜、牛奶一起放入榨汁机榨汁。

功效解读

此饮品可清肠排毒，并能预防癌症。白菜中的膳食纤维不但能起到润肠、促进排毒的作用，还能促进人体对动物蛋白的吸收。中医认为，白菜性微寒，味甘，有养胃生津、除烦解渴、利尿通便、清热解毒的功效。牛奶中的优质蛋白既可清除血液中多余的钠，又能增强血管弹性，有助于预防心血管疾病。

香瓜芹菜蜂蜜汁

主料

香瓜半个，紫甘蓝2片，芹菜半根，蜂蜜适量，水200毫升。

做法

1. 将香瓜去皮，去瓤，切块；将紫甘蓝洗净，切成丝；将芹菜洗净，切段。

2. 将香瓜块、紫甘蓝丝、芹菜段和水一起放入榨汁机榨汁。

3. 在榨好的蔬果汁内加入适量蜂蜜搅拌均匀即可。

功效解读

此饮品能够排出毒素，预防高血压。紫甘蓝含有大量膳食纤维，能够促进肠道蠕动，以排出体内毒素。香瓜含有大量维生素和优质蛋白质，有促进血液循环、帮助消化等功效。芹菜味甘、苦，性凉，有清热除烦、利水消肿的作用。

芦荟苦瓜汁

消炎排毒

主料

芦荟1段（4厘米），苦瓜1段（6厘米），水200毫升。

做法

1. 将芦荟洗净，去皮取肉，切成丁。
2. 将苦瓜洗净，去瓤，切块。
3. 将准备好的芦荟、苦瓜和水一起放入榨汁机榨汁。

功效解读

此饮品能够消炎排毒、对抗过敏。现代研究显示，芦荟叶含有芦荟大黄素、异芦荟大黄素及芦荟苦味素等，有泻下、消炎的作用。苦瓜含有丰富的果胶，能增加饱腹感、清洁肠胃，是低热量、高纤维的健康蔬菜。

清肠排毒

木瓜汁

主料

木瓜半个，水200毫升，薄荷叶适量。

做法

1. 将木瓜去皮，去瓤，切块。
2. 将切好的木瓜和水一起放入榨汁机榨汁，倒入杯中后放上洗净的薄荷叶装饰即可。

功效解读

此饮品可清肠排毒、减脂瘦身。木瓜含有大量木瓜果胶，是天然的洗肠剂，可以带走胃肠中的脂肪、杂质等，起到天然的清肠排毒作用。木瓜蛋白酶也可以分解肠道内和肠道周围的脂肪，人体能吸收的脂肪变少了，腹部的脂肪就会被逐步分解，体内各部位的脂肪不断被利用分解，自然就起到了减肥的作用。

柠檬葡萄柚汁

主料

柠檬2片，葡萄柚1个，水100毫升，蜂蜜适量。

做法

1. 将葡萄柚去皮，切块。

2. 将准备好的柠檬、葡萄柚和水一起放入榨汁机榨汁。

3. 在榨好的果汁内放入适量蜂蜜搅拌均匀即可。

功效解读

此饮品能够清肠排毒。葡萄柚含有丰富的营养成分，能够帮助清除肠道垃圾，对排毒有很好的作用。柠檬含有柠檬苦素，能抑制肝脏制造某种蛋白质，减少胆固醇的合成，故能避免胆固醇升高。

芦笋苦瓜汁

主料

芦笋1根，苦瓜半根，水200毫升。

做法

1. 将芦笋洗净，切段；将苦瓜洗净，去瓤，切块。

2. 将切好的芦笋、苦瓜和水一起放入榨汁机榨汁。

功效解读

此饮品可以强化排毒效果，清除体内毒素。芦笋具有利水的功效，能够及时清除体内毒素。苦瓜中的活性蛋白质能够激发体内免疫系统的防御功能，增加免疫细胞的活性，从而清除体内的有害物质。

苹果牛奶汁

主料

苹果1个，牛奶200毫升。

做法

1. 将苹果洗净，去核，切块。

2. 将切好的苹果和牛奶一起放入榨汁机榨汁。

功效解读

此饮品能够帮助排出体内毒素。苹果所含的半乳糖醛酸、果胶能够促进肠道排毒；其中的可溶性膳食纤维可有效促进肠道蠕动，使排便顺畅，保证肠道健康。苹果皮含有丰富的抗氧化活性物质，能减缓肠道老化的速度。牛奶可阻止人体吸收食物中有害的金属铅和镉。

苹果西蓝花汁

主料

苹果1个，西蓝花2朵，蜂蜜适量，水200毫升。

做法

1. 将苹果洗净，去皮，去核，切块；将西蓝花洗净，切块，在热水中焯一下。

2. 将准备好的苹果、西蓝花和水一起放入榨汁机榨汁。

3. 在榨好的蔬果汁内加入适量蜂蜜搅拌均匀即可。

功效解读

此饮品能增强胃肠蠕动，具有通便排毒的功效。苹果所含的膳食纤维能使大肠内的粪便变软；苹果含有丰富的有机酸，可刺激胃肠蠕动，促使大便通畅。西蓝花所含的维生素K_1、维生素U是抗溃疡因子，常吃能预防胃溃疡和十二指肠溃疡。

土豆莲藕汁

清肠通便

主料

土豆半个，莲藕3片，柠檬2片，水200毫升。

做法

1. 将土豆、莲藕洗净，去皮，切块；土豆块煮熟。

2. 将准备好的土豆、莲藕、柠檬片一起放入榨汁机榨汁。

功效解读

此饮品可清肠通便。土豆属于块茎类食物，吃后可刺激肠道蠕动，它富含的膳食纤维不能被人体消化吸收，但能够吸收和保留水分，使粪便变得柔软，食用土豆可以起到缓解便秘、排出体内累积毒素的功效。鲜莲藕含有丰富的钙、磷、铁及多种维生素，具有清热润肺、生津祛燥、清体肠便的功效。

补肾强肝释压力

苦瓜橙子苹果汁

促进消化

主料

苦瓜1段（6厘米），橙子1个，苹果1个，水200毫升。

做法

1. 将苦瓜洗净，去瓤，切块；橙子去皮，分开；苹果洗净，去皮，去核，切块。

2. 将准备好的苦瓜、橙子、苹果和水一起放入榨汁机榨汁。

功效解读

此饮品能够促进消化、排出毒素。橙子所含的膳食纤维能够清肠通便、排出毒素，其中的果胶具有促进肠道蠕动、加速食物通过消化道的作用，能使油脂及胆固醇更快地随粪便排泄出去，并减少外源性胆固醇的吸收，促进消化。

补肾益精抗衰老 养生从一杯蔬果汁开始

西瓜黄瓜柠檬汁

主料

西瓜2片，小黄瓜1根，柠檬2片，水200毫升。

做法

1. 将西瓜去皮，去籽，切块。
2. 将小黄瓜洗净，切块。
3. 将准备好的西瓜、小黄瓜、柠檬和水一起放入榨汁机榨汁。

功效解读

此饮品能够清热利尿、排毒固肾。西瓜是番茄红素的重要来源之一，要想增强免疫力，食用西瓜是不错的选择。西瓜还含有氨基酸、瓜氨酸和精氨酸，能够促进血液循环。小黄瓜营养丰富，药食两用，具有清热解毒、利尿、除湿、润肠等作用。

排毒固肾

苹果桂圆莲子汁

益肾宁神

主料

苹果1个，桂圆6颗，鲜莲子4颗，水200毫升。

做法

1. 将苹果洗净，去核，切块；将桂圆去壳，去核，取出果肉；将鲜莲子去皮，洗净，取出莲心。
2. 将准备好的苹果、桂圆、鲜莲子和水一起放入榨汁机榨汁。

功效解读

此饮品能够消除心火、益肾宁神。桂圆含有多种营养物质，有补血安神、健脑益智、补养心脾的功效。莲子有补中养神、健脾补胃、止泻固精、益肾、涩精止带的功效。苹果中的钾能将体内过剩的钠排出体外，调节钾钠平衡，对肾脏起保护作用。

莲藕豆浆汁

主料

莲藕2片,豆浆200毫升。

做法

1. 将莲藕洗净,去皮,切碎。
2. 将切好的莲藕和豆浆一起放入榨汁机榨汁。

功效解读

此饮品能够补心益肾、生津润肺。莲藕含有丰富的维生素和膳食纤维,既能帮助消化、防止便秘,又能利尿通便,排泄体内的废物和毒素。莲藕能补心益肾,具有滋阴养血的功效,可以补五脏之虚,强壮筋骨。豆浆所含的豆固醇和钾、镁、钙能改善心肌营养,调节胆固醇,预防血管痉挛。

香瓜豆奶汁

主料

香瓜3片,豆奶200毫升。

做法

1. 将香瓜去皮,去瓤,切块。
2. 将切好的香瓜和豆奶一起放入榨汁机榨汁。

功效解读

此饮品有抗氧化的功效。豆奶有强大的抗氧化作用,能促进脂肪代谢,防止脂肪聚集。豆奶中的亚油酸能降低血液中胆固醇和中性脂肪的含量,亚麻酸则有抗过敏、让血液更清洁的作用,卵磷脂对细胞的正常活动非常重要,能促进新陈代谢,防止细胞老化。香瓜所含的转化酶可将不溶性蛋白质转变成可溶性蛋白质,能帮助肾脏疾病患者吸收营养。

芹菜芦笋葡萄汁

主料

芹菜半根，芦笋1根，葡萄10颗，水200毫升。

做法

1. 将芹菜、芦笋洗净，切段。

2. 将葡萄洗净。

3. 将切好的芹菜、芦笋、葡萄和水一起放入榨汁机榨汁。

功效解读

此饮品能够排毒利尿，活化肾脏功能。芦笋所含的成分对于疲劳、水肿、膀胱炎、排尿困难等症有一定的辅助治疗作用。葡萄是一种滋补药品，具有补虚健胃的功效，常吃葡萄可开胃健脾、滋补肝肾、强筋壮骨。芹菜含有丰富的矿物质、膳食纤维和维生素等营养成分，既能增进食欲，又有健脑、通肠利便的作用。

红枣枸杞子豆浆汁

主料

红枣6颗，枸杞子8颗，豆浆200毫升。

做法

1. 将红枣和枸杞子洗净，在水中泡半小时。

2. 将泡好的红枣、枸杞子和豆浆一起放入榨汁机榨汁。

功效解读

此饮品能够补虚、益气补血、安神补肾。枸杞子性平，味甘，归肝、肾经，具有滋补肝肾、养肝明目的功效。枸杞子是扶正固本、生精补髓、滋阴补肾、益气安神、强身健体、延缓衰老的良药，对慢性肝炎、中心性视网膜炎、视神经萎缩等疗效显著。红枣性温，味甘，入脾、胃经，具有补中益气、滋阴补阳、养血安神的功效。

西瓜黄瓜汁

主料

西瓜2片，黄瓜半根，水200毫升。

做法

1. 将西瓜去皮，去籽，切块。

2. 将黄瓜洗净，切成丁。

3. 将切好的西瓜、黄瓜和水一起放入榨汁机榨汁。

功效解读

此饮品可护肾排毒、安神定志。西瓜有利尿的功能，能够增强肾脏的排毒功能。由于西瓜属于生冷食品，不宜多吃，吃多了会伤害脾胃，所以，脾胃虚寒、消化不良、大便滑泄者要少饮此饮品，否则会导致腹胀、腹泻、食欲下降。黄瓜含有维生素B_1，对改善大脑、神经系统功能有利，能安神定志、缓解失眠。

柠檬柳橙香瓜汁

主料

柠檬1个，柳橙1个，香瓜1个，水200毫升。

做法

1. 将柠檬洗净，切块；柳橙去皮，切块；香瓜去皮，去瓤，切块。

2. 将柠檬块、柳橙块、香瓜块和水一起放入榨汁机榨汁。

功效解读

此饮品具有利尿益肾的功效。柳橙富含维生素C，还含有其他抗氧化物质，能提高身体免疫力。香瓜所含的转化酶可将不溶性蛋白质转变成可溶性蛋白质，能帮助肾脏疾病患者吸收营养，有很好的养肾功效。柠檬酸有很强的杀菌作用，对健康有益。

百合山药汁

主料

山药1段（8厘米），百合适量，水200毫升。

做法

1. 将山药洗净，去皮，切块。

2. 将切好的山药和百合、水一起放入榨汁机榨汁。

功效解读

此饮品能够滋肾益精。百合入心经，性微寒，能清心除烦、宁心安神。山药有健脾胃、益肺肾、补虚羸的功效。需特别注意的是，山药皮所含的皂角苷或黏液里的植物碱易导致皮肤过敏，所以应用削皮的方式处理，削完山药后要立即洗手。

香蕉蓝莓橙子汁

主料

香蕉1根，蓝莓20克，橙子1个，水200毫升，薄荷叶适量。

做法

1. 将香蕉去皮并剥去果络，切块；将蓝莓洗净；将橙子去皮，分开。

2. 将准备好的香蕉、蓝莓、橙子和水一起放入破壁机打匀，倒入杯中后放上洗净的薄荷叶装饰即可。

功效解读

此饮品能够调节胆固醇、滋阴补肾。蓝莓能增强人体免疫力、抗氧化、助眠、激活人体细胞、促进微循环、延缓衰老，有祛风除湿、强筋骨、滋阴补肾的功效，从而提高人体活力。橙子含有大量维生素C和胡萝卜素，有助于增强机体免疫力。

第五章

延年益寿
强身体

一般来说，蔬菜和水果进入人体后，正常成年人至少需要一个小时才能完全消化，在此过程中，胃肠等消化器官会把其中的营养成分当作提供能量的原料使用，最后能被人体吸收的成分只有很小的一部分。但是如果通过饮用蔬果汁来摄取营养，只需要15分钟左右，大部分的营养成分就能被人体吸收。这一点，是直接吃蔬菜和水果所不能及的。

预防骨关节问题 增加骨密度，预防骨质疏松

圆白菜胡萝卜汁

主料

圆白菜2片，胡萝卜半根，苹果1个，水200毫升。

做法

1. 将圆白菜、胡萝卜洗净，切碎；苹果洗净，去核，切块。

2. 将准备好的圆白菜、胡萝卜、苹果和水一起榨汁。

功效解读

此饮品能够预防痛风。圆白菜含有大量人体必需的营养成分，具有提高人体免疫功能的作用。圆白菜有健脾养胃、缓急止痛、解毒消肿、清热利水的作用，可用于内热引起的耳目不聪、睡眠不佳、关节不利和腹腔隐痛等症。胡萝卜含有大量胡萝卜素，能够增强人体的免疫功能，对于老年人尤为有益。

预防痛风

强健骨骼

豆浆可可汁

主料

豆浆200毫升，可可粉1勺。

做法

将豆浆和可可粉一起放入杯中搅拌均匀即可。

功效解读

此饮品具有强健骨骼、预防骨质疏松的功效。豆浆性平，味甘，能利水下气、清热解毒，经常喝豆浆可以预防骨质疏松和便秘，老年人多喝鲜豆浆还可预防阿尔茨海默病、防治气喘病。对于贫血患者的调养，豆浆比牛奶的作用还要强，以喝热豆浆的方式补充植物蛋白，可以增强抗病能力。可可具有兴奋中枢、抗氧化、抗病毒等作用。

南瓜橘子蜂蜜汁

主料

南瓜2片，橘子1个，蜂蜜适量，水200毫升。

做法

1. 将南瓜洗净，去皮，去瓤，切块；橘子去皮，分瓣。

2. 将南瓜块、橘子果肉和水一起放入榨汁机榨汁。

3. 在榨好的蔬果汁内加入适量蜂蜜搅拌均匀即可。

功效解读

此饮品能够提高人体免疫力，预防骨质疏松。南瓜多糖能提高人体的免疫功能；南瓜中丰富的胡萝卜素在人体内可转化成具有重要生理功能的维生素A，对维持正常视力、促进骨骼强健具有重要意义。橘子所含的橘皮苷可以加强毛细血管的韧性，具有调节血压、扩张心脏冠状动脉的功效。

黑加仑牛奶汁

主料

黑加仑15颗，牛奶200毫升。

做法

1. 将黑加仑洗净。

2. 将黑加仑和牛奶一起放入榨汁机榨汁。

功效解读

此饮品能够强健骨骼，预防关节疾病。黑加仑含有非常丰富的维生素C、磷、镁、钾、钙、花青素、酚类物质等，黑加仑对痛风、关节炎有预防和辅助治疗的作用，尤其适合更年期女性、中老年人食用。牛奶含有丰富的乳糖，乳糖使钙易被吸收，因此有利于强健骨骼。

苹果荠菜香菜汁

主料

苹果半个，荠菜2根，香菜1棵，水200毫升。

做法

1. 将苹果洗净，去皮，去核，切块。
2. 将荠菜、香菜洗净后切碎。
3. 将切好的苹果、荠菜、香菜和水一起放入榨汁机榨汁。

功效解读

此饮品能够补充钙质，预防骨质疏松。荠菜富含促进骨质形成所必需的维生素K，不仅能减少钙质流失，还能提高骨骼强度，适宜多吃。香菜含有丰富的矿物质，如钙、铁等，可以预防骨质疏松。苹果中的含钙量比一般水果要丰富，而且其中的维生素B_6和铁还有助于钙质的吸收。需要特别注意的是，香菜损人精神，对眼睛不利，故不可多饮。

菠萝醋

主料

菠萝4块，白醋400毫升，冰糖适量。

做法

1. 将菠萝洗净，去皮，切成薄片。
2. 将菠萝和冰糖以交错堆叠的方式放入玻璃器皿，再放入白醋，密封。
3. 发酵50~120天即可饮用。

功效解读

此饮品能够促进血液循环、预防关节炎。菠萝醋能把血管内的脏东西清理掉，帮助人体消化食物，提高免疫力，抑制发炎及水肿，可用来舒缓一般疼痛和发炎，也可用于减轻风湿性关节炎造成的不适症状，并使血液循环顺畅，用来预防心绞痛、中风及阿尔茨海默病。菠萝醋适合关节炎或筋骨疼痛发炎者，可通利关节、消除炎症。

生姜牛奶汁

补钙消炎

主料

生姜2片，牛奶200毫升。

做法

1. 把生姜去皮，切碎。

2. 将切好的生姜和牛奶一起放入榨汁机榨汁。

功效解读

此饮品能够补钙消炎、驱除体内寒气。生姜味甘、辛，性温，具有散寒发汗、温胃止吐、杀菌镇痛、抗炎等功效，还能舒张毛细血管、增强血液循环。生姜里的姜醇具有消炎镇痛、改善血液循环、缓解肩痛和腰椎痛等功效。牛奶含钙多，且吸收利用率很高，是天然钙质的好来源。老年人的肩膀和腰背易遭受风寒湿气等病邪的侵袭，可常喝此饮品。

延年益寿强身体

菠萝圆白菜汁

缓解关节疼痛

主料

菠萝4块，圆白菜2片，水200毫升。

做法

1. 将菠萝洗净，去皮，切小块；圆白菜洗净，切碎。

2. 将切好的菠萝、圆白菜和水一起放入榨汁机榨汁。

功效解读

此饮品能缓解关节疼痛。菠萝营养丰富，含有蛋白质、碳水化合物、脂肪、维生素、蛋白质分解酶素及矿物质、有机酸等，其中大量的膳食纤维、镁和钙有助于维持骨骼和肌肉健康。圆白菜性平，味甘，能够补骨髓、益心力、润脏腑、利脏器、壮筋骨、清热止痛，对关节屈伸不利等有一定效果。

调节血压、胆固醇 远离"三高"威胁

胡萝卜酸奶汁

主料

胡萝卜半根,酸奶200毫升,黑芝麻适量。

做法

1. 将胡萝卜洗净,切块,在热水中焯一下。

2. 将胡萝卜块和酸奶、2/3黑芝麻一起放入榨汁机榨汁,倒入杯子后撒上剩下的1/3黑芝麻即可。

功效解读

此饮品能够疏通血管、调节血压。低密度胆固醇是引起高血压的元凶,胡萝卜所含的营养成分对预防高血压有显著的功效。高血压患者与健康人群相比,血液内的维生素A、维生素E水平较高,而抗氧化剂(维生素C、β-胡萝卜素)水平较低。因此,食用胡萝卜能够起到很好的预防高血压、高脂血症的作用。

调节血压

荞麦茶猕猴桃汁

调节血脂

主料

猕猴桃1个,荞麦茶200毫升。

做法

1. 将猕猴桃去皮,切块。

2. 将猕猴桃块和荞麦茶放入榨汁机榨汁。

功效解读

此饮品能够保护微血管,调节血脂,预防脑中风。猕猴桃富含精氨酸,能阻止血栓的形成,对降低冠心病、高血压、心肌梗死、动脉硬化等心血管疾病的发病率有特别功效。荞麦茶中的芸香苷可抑制体内磷酸二酯酶的活动,避免血小板凝结,有助于净化血液和改善血液循环。

乌龙茶苹果汁

主料

苹果半个，乌龙茶200毫升。

做法

1. 将苹果洗净，去核，切成丁。
2. 将苹果丁和乌龙茶一起放入榨汁机榨汁。

功效解读

此饮品具有去除体内活性氧、调节血压的功效。乌龙茶是经过杀青、萎凋、摇青、半发酵、烘焙等工序后制出的品质优异的茶类，只有经过半发酵的绿茶才会有乌龙多酚这种特殊的成分。乌龙多酚具有抗氧化作用，能够降低血液中胆固醇和甘油三酯的含量。乌龙茶还可以降低血液黏稠度，防止红细胞集聚，改善血液高凝状态，增加血液流动性，改善微循环。苹果中的胶质和微量元素铬不仅能保持血糖的稳定，还能有效调节胆固醇。

调节血脂

苹果豆浆汁

主料

苹果1个，豆浆200毫升。

做法

1. 将苹果洗净，去核，切成丁。
2. 将苹果丁和豆浆一起放入榨汁机榨汁。

功效解读

此饮品能够调节血脂和人体中胆固醇的含量。作为日常饮品，豆浆含有大豆皂苷、异黄酮、大豆低聚糖等具有显著保健功效的特殊保健因子。多喝鲜豆浆，可维持正常的营养平衡，全面调节内分泌系统，调节血压、血脂，减轻心血管负担，增加心脏活力，优化血液循环，保护心血管，并有平补肝肾、增强免疫力等功效。苹果中的钾可与体内过量的钠离子交换而促使其排出体外，降低血管壁的张力，使血压下降。

洋葱橙子汁

主料

洋葱半个，橙子半个，水200毫升。

做法

1. 将洋葱去皮后切块，放在微波炉里加热使其变软；将橙子洗净，带皮切块。

2. 将洋葱块、橙子块和水一起放入榨汁机榨汁。

功效解读

此饮品能够清理血管，预防高血压。洋葱含有硫化丙基成分，这种成分具有促进血液中糖分代谢和稳定血糖的作用。洋葱还是天然的血液稀释剂，其所含的前列腺素A能扩张血管、降低血液黏度，因而能调节血压。橙子含有大量维生素C和胡萝卜素，可以保护和软化血管，促进血液循环，调节胆固醇和血脂。

芹菜菠萝牛奶汁

主料

芹菜半根，菠萝2块，牛奶200毫升。

做法

1. 将芹菜洗净，切段；将菠萝洗净，去皮，切成小块。

2. 将切好的芹菜、菠萝和牛奶一起放入榨汁机榨汁。

功效解读

此饮品能促进血液循环，调节血压。菠萝营养丰富，尤其以维生素C的含量高，有清热解暑、生津止渴、消肿利尿的功效。菠萝所含的酶能够促进血液循环，调节血压，稀释血脂。芹菜所含物质能够增进食欲、改善肤色和发质、健脑提神、强健骨骼，对高血压、头痛、头晕、水肿、小便热涩不利等有辅助疗效。

西瓜芹菜汁

主料

西瓜2片，芹菜1根，水200毫升。

做法

1. 将西瓜去皮，去籽，切块。
2. 将芹菜洗净，切段。
3. 将准备好的西瓜、芹菜和水一起放入榨汁机榨汁。

功效解读

此饮品能够预防高血压。西瓜不仅是夏季常备水果，可降暑解渴，还有醒酒的功效。高血压患者可以将西瓜汁作为饮品，凉凉的西瓜汁还有稳定情绪的功效。芹菜含铁量较高，是缺铁性贫血患者的健康蔬菜。芹菜还含有丰富的钾，是辅助治疗高血压及其并发症的佳品，对血管硬化、神经衰弱患者也有一定的辅助治疗作用。

火龙果柠檬汁

主料

火龙果1个，柠檬2片，酸奶200毫升。

做法

1. 将火龙果去皮，切块。
2. 将准备好的火龙果、柠檬和酸奶一起放入破壁机搅打成汁。

功效解读

此饮品能调节血压和胆固醇，还能预防动脉硬化。火龙果中的花青素含量较高，花青素能增强血管弹性、改善血液循环和关节的柔韧性。经常食用火龙果还可以调节血压和血脂、清热解毒、润肺明目、养颜排毒，对便秘和糖尿病有辅助治疗的作用。柠檬具有止渴生津、健胃、止痛等功效，高血压、心肌梗死患者常饮柠檬饮料，对改善症状、缓解病情有益。

香瓜蔬菜蜂蜜汁

主料

香瓜半个，紫甘蓝2片，芹菜半根，蜂蜜适量，水200毫升。

做法

1. 将香瓜去皮，去瓤，切块；将紫甘蓝洗净，切成丝；将芹菜洗净，切段。

2. 将香瓜块、紫甘蓝丝、芹菜段和水一起放入榨汁机榨汁。

3. 在榨好的蔬果汁内加入适量蜂蜜搅拌均匀即可。

功效解读

此饮品能够促进新陈代谢、预防高血压。香瓜含有大量碳水化合物及柠檬酸等，且水分充沛，可消暑清热、生津解渴、除烦。紫甘蓝中的铁元素能够提高血液中氧气的含量。芹菜含有降压的成分，适合高血压患者食用。

菠萝豆浆汁

主料

菠萝2块，豆浆200毫升。

做法

1. 将菠萝洗净，去皮，切成小块。

2. 将菠萝块和豆浆一起放入榨汁机榨汁。

功效解读

此饮品能够去除体内多余的脂质，预防和改善高脂血症。菠萝含有菠萝朊酶，菠萝朊酶能分解蛋白质，溶解阻塞于组织中的纤维蛋白和血凝块，改善局部的血液循环；菠萝所含的糖类、盐类和酶有利尿作用，适量食用对肾炎、高血压等患者有益。豆浆富含大豆皂苷，不含胆固醇，可有效调节胆固醇，并可抑制体内脂肪发生过氧化现象。

洋葱蜂蜜汁

主料

洋葱半个，蜂蜜适量，水200毫升。

做法

1. 将洋葱剥去外皮，切块，在微波炉加热。

2. 将洋葱块和水一起放入榨汁机榨汁。

3. 在榨好的果汁内加入适量蜂蜜搅匀即可。

功效解读

此饮品能够抑制脂肪的摄入，调节血脂。蜂蜜含有与人体血清浓度相近的多种矿物质、维生素、有机酸和有益人体健康的微量元素，以及果糖、葡萄糖、淀粉酶等，具有滋养、润燥、解毒的功效。洋葱具有扩张血管、降低血液黏稠度的功效，所以吃洋葱能调理高脂血症等疾病。对患有高血压、糖尿病、高脂血症的老年人而言，具有很好的保健作用。

调节血脂

延年益寿强身体

香蕉猕猴桃荸荠汁

主料

香蕉1根，猕猴桃1个，荸荠6个，水200毫升。

做法

1. 香蕉去皮并剥去果肉上的果络，切块；猕猴桃去皮，切块；荸荠洗净，去皮，切块。

2. 将准备好的香蕉、猕猴桃、荸荠和水一起放入破壁机榨汁。

功效解读

此饮品能够调节胆固醇。猕猴桃含有多种维生素和膳食纤维，具有预防心脑血管疾病的功效。荸荠对高血压、便秘、小便淋沥涩痛等症均有一定的辅助功效。香蕉含有血管紧张素转化酶抑制物质，可抑制血压的上升，对调节血压有辅助食疗功效。

调节胆固醇

增强免疫力 抗氧化，增强细胞活性

西瓜汁

主料

西瓜4片。

做法

1. 将西瓜去皮，去籽，切块备用。
2. 将切好的西瓜放入榨汁机榨汁。

功效解读

此饮品能够增强细胞活性，抗氧化。西瓜含水量丰富，脂肪含量少，且几乎包含了人体所需的所有营养成分。西瓜中的枸杞碱、甜茶碱等对人体健康有益。西瓜中的苷可以促进体内产生T淋巴细胞及活化巨噬细胞。西瓜中的番茄红素是很强的抗氧化剂，在人体内可防止细胞老化。

抗氧化

紫苏苹果汁

消炎理气

主料

苹果半个，紫苏叶2片，水200毫升。

做法

1. 将苹果洗净并切碎。
2. 将紫苏叶洗净，切碎。
3. 将切好的苹果、紫苏叶和水一起放入榨汁机榨汁。

功效解读

此饮品具有消炎理气的功效。紫苏叶所含的木樨草素是一种类黄酮成分，有抗过敏、消炎等功效，如果身体发炎，体内细胞会受到损伤，进而会产生变异，有诱发癌症的危险，因此，紫苏叶有助于降低癌症的发病率。苹果具有生津止渴、益脾止泻、和胃降逆、消炎的功效。

圆白菜豆浆汁

主料

圆白菜2片，豆浆200毫升。

做法

1. 将圆白菜叶洗净，切成碎片。

2. 将切好的圆白菜和豆浆一起放入榨汁机榨汁。

功效解读

此饮品能够增强抵抗力、清除体内的致癌物质。圆白菜含有丰富的维生素、胡萝卜素、碳水化合物，具有抗衰老、抗氧化的功效，能够提高人体免疫力，预防季节性感冒。圆白菜含有较多微量元素钼，能抑制亚硝酸盐的合成，降低患癌率。圆白菜也可以先用热水焯一下再榨汁。需要特别注意的是，此饮品不宜空腹饮用。

西红柿汁

主料

西红柿2个。

做法

1. 在洗净的西红柿表皮划几道口子，在沸水中浸泡10秒，剥去西红柿的表皮，切块。

2. 将切好的西红柿放入榨汁机榨汁。

功效解读

此饮品能够清除体内活性氧成分，从而降低患癌率。西红柿所含的番茄红素通过有效清除体内的自由基，能够预防和修复细胞损伤，抑制DNA的氧化，从而降低癌症的发病率。

西蓝花胡萝卜汁

主料

西蓝花2朵，胡萝卜半根，水200毫升。

做法

1. 将西蓝花洗净，切块，在热水中焯一下。

2. 将胡萝卜洗净，切成丁。

3. 将西蓝花块、胡萝卜丁和水一起放入榨汁机榨汁。

功效解读

此饮品具有很强的抗氧化、防癌功效。胡萝卜中的木质素能提高人体免疫力；具有强效抗氧化力的β-胡萝卜素可以促进吞噬细胞的吞噬能力，延衰细胞和机体衰老，减少疾病的发生。西蓝花含较多维生素C，尤其适合胃癌、乳腺癌患者食用。同时，西蓝花含有抗氧化、防癌症的微量元素，长期食用可以降低乳腺癌、直肠癌及胃癌的发病率。

西红柿胡萝卜汁

主料

西红柿2个，胡萝卜半根，水200毫升。

做法

1. 在洗净的西红柿表皮划几道口子，在沸水中浸泡10秒，剥去西红柿的表皮，切块。

2. 将胡萝卜洗净，切成丁。

3. 将切好的西红柿、胡萝卜和水一起放入榨汁机榨汁。

功效解读

此饮品能够抑制体内活性氧，消灭癌细胞。自由基的氧化能力很强，会不断地攻击人体组织细胞，损伤DNA，导致免疫力下降及多种疾病的发生，西红柿所含的番茄红素清除自由基的能力很强。胡萝卜中的木质素有提高机体免疫力的作用。

猕猴桃汁

主料

猕猴桃2个。

做法

1. 剥去猕猴桃的表皮并切块。
2. 将切好的猕猴桃放入榨汁机榨汁。

功效解读

此饮品能够增强免疫力。猕猴桃所含的谷胱甘肽具有解毒、抗过敏、保护肝脏的作用。猕猴桃能通过保护细胞间质屏障，减少致癌物质的摄入，对延长癌症患者生存期起一定的作用。猕猴桃有清热生津、活血行水的作用，尤其适合乳腺癌、肺癌、宫颈癌、膀胱癌等患者放疗后食用。猕猴桃的抗氧化物质能够增强人体的自我免疫功能。

牛奶甜椒汁

主料

红甜椒1个，牛奶200毫升。

做法

1. 将红甜椒洗净，去籽，切块。
2. 将红甜椒块和牛奶一起放入榨汁机榨汁。

功效解读

此饮品可增强免疫力。甜椒含有丰富的蛋白质、矿物质、维生素及胡萝卜素，常吃甜椒对癌症、牙龈出血、免疫力低下者，以及糖尿病患者有利。需要特别注意的是，牛奶能够明显地影响人体对药物的吸收速度，还容易使药物表面形成覆盖膜，使牛奶中的钙与镁等矿物质离子与药物发生化学反应，生成非水溶性物质，不仅会降低药效，还可能对身体造成危害，所以，在服药前后2小时最好不要饮用此蔬果汁。

西红柿西蓝花汁

降低患癌率

主料

西蓝花2小朵，西红柿1个，水200毫升。

做法

1. 将西蓝花切小朵，洗净，在沸水中焯一下。

2. 将西红柿洗净，在表皮划几道口子，并在沸水中浸泡10秒，剥去西红柿的表皮，切块。

3. 将准备好的西蓝花、西红柿与水一起放入榨汁机榨汁。

功效解读

此饮品能够降低患癌率。西蓝花被视为一种能降低患癌概率的蔬菜，一些调查研究证实，食用西蓝花确实与某些癌症发病率的降低有关。西红柿中的番茄红素有很强的抗氧化能力，有助于清除人体内导致衰老和疾病的自由基，可降低直肠癌、乳腺癌、前列腺癌等的发病率。

芒果椰奶汁

促进胃肠蠕动

主料

芒果半个，椰奶200毫升。

做法

1. 将芒果去皮，去核，取出果肉。

2. 将准备好的芒果和椰奶一起放入榨汁机榨汁。

功效解读

此饮品可促进胃肠蠕动。芒果含有一种强效抗氧化剂，对身体有很好的保护作用，还能增强胃肠蠕动功能，减少粪便在结肠内的停留时间，有助于降低结肠癌的发病率。椰奶有很好的清凉消暑、生津止渴的功效，此外，还有强心、利尿、驱虫、止呕止泻的功效。

西蓝花芹菜汁

主料

西蓝花2朵，芹菜1根，水200毫升。

做法

1. 将西蓝花切小朵，洗净，在热水中焯一下。

2. 将芹菜洗净，切段。

3. 将准备好的西蓝花、芹菜和水一起放入榨汁机榨汁。

功效解读

此饮品能够缓解痛风。西蓝花和芹菜都含有丰富的钾，具有减少尿酸在人体内沉积的作用，有助于缓解和预防痛风。西蓝花含有大量类黄酮，可以防止感染；它还有助于阻止胆固醇氧化、防止血小板凝结，降低心脏病、脑卒中的发病率。

西红柿山楂蜂蜜汁

主料

西红柿1个，山楂10个，蜂蜜适量，水200毫升。

做法

1. 将西红柿洗净，在沸水中浸泡10秒，剥去西红柿的表皮并切块；将山楂洗净，去核，切块。

2. 将西红柿块、山楂块和水一起放入榨汁机榨汁。

3. 在榨好的蔬果汁内加入适量蜂蜜搅拌均匀即可。

功效解读

此饮品能够清除自由基。山楂富含胡萝卜素、钙和黄酮类等有益成分，能起到舒张血管、加强和调节心肌功能的作用。西红柿中的番茄红素能清除自由基，保护细胞。

西蓝花绿茶汁

调节血脂

主料

西蓝花2朵，绿茶200毫升。

做法

1. 将西蓝花切小朵，洗净，在热水中焯一下。

2. 将西蓝花和绿茶一起放入榨汁机榨汁。

功效解读

此饮品能够维护血管的韧性，调节血脂。绿茶不仅能够提神醒脑，对心脑血管疾病、辐射病等也有一定的药理功效。西蓝花是含有类黄酮最多的食物之一，类黄酮除了可以防止感染，还是很好的血管清理剂，能够防止胆固醇氧化、血小板凝结，从而降低患心脏病与中风的概率。

软化血管

香蕉可可汁

主料

香蕉半根，牛奶200毫升，可可粉1勺。

做法

1. 香蕉去皮并剥掉果肉上的果络，切块。

2. 将切好的香蕉、牛奶、可可粉一起放入榨汁机榨汁。

功效解读

此饮品能够刺激血液循环，软化血管。可可粉含有蛋白质、多种氨基酸及具有多种生物活性功能的生物碱，能有效促进肌肉和身体的反射系统，并能防止血管硬化。香蕉含有多种微量元素，能够提高人体的抗病能力；香蕉含有大量钾盐，能降低钠盐的吸收，有利于防止动脉粥样硬化。

橘子汁

主料

橘子2个。

做法

1. 将橘子洗净，带皮切成块。
2. 将切好的橘子放入榨汁机榨汁。

功效解读

此饮品能强化毛细血管，缓解脑中风症状。橘子皮维生素C的含量远高于果肉，维生素C为抵抗坏血酸，在体内起着抗氧化的作用，能调节胆固醇，预防血管破裂或渗血；维生素C与维生素P配合，可以增强对维生素C缺乏病的治疗效果；橘子还能降低患心血管疾病、肥胖症和糖尿病的概率。

生姜红茶汁

主料

生姜1片，红茶200毫升。

做法

1. 将生姜去皮，切成末。
2. 将切好的生姜与红茶一起放入榨汁机榨汁。

功效解读

此饮品具有抗氧化、促进血液循环的功效。生姜具有解毒杀菌的作用，生姜中的姜辣素有很强的抗氧化作用，能够保护血管。生姜能刺激胃黏膜，引起血管运动中枢及交感神经的反射性兴奋，促进血液循环，振奋胃功能，达到健胃、止痛、发汗、解热的作用。

芝麻蜂蜜牛奶汁

主料

白芝麻1勺，牛奶200毫升，蜂蜜适量。

做法

将白芝麻、牛奶一起放入榨汁机榨汁，然后加入蜂蜜搅匀即可。

功效解读

此饮品能够补肝益肾，促进血液循环。白芝麻所含的脂肪大多数为不饱和脂肪酸，对老年人尤为重要；白芝麻含有丰富的维生素E，可以阻止体内产生过氧化物，从而维持细胞膜的完整和功能正常。蜂蜜可以营养心肌并改善心肌的代谢功能，使血红蛋白增加、心血管舒张，防止血液凝集，保证冠状血管的血液循环正常。

西红柿柠檬汁

主料

西红柿1个，柠檬2片，水200毫升。

做法

1. 将西红柿洗净，在表皮划几道口子，在沸水中浸泡10秒，剥去西红柿的表皮并切块。

2. 将准备好的西红柿、柠檬和水一起放入榨汁机榨汁。

功效解读

此饮品能够延缓衰老、预防心血管疾病，还可以改善不良情绪。西红柿中的番茄红素对于心血管疾病的预防有着不错的功效。研究发现，在动脉硬化的发生和发展过程中，血管内膜中的脂蛋白氧化是极为重要的因素，而番茄红素在降低脂蛋白氧化中发挥着极为重要的作用。

生菜芦笋汁

主料

生菜叶2片，芦笋1根，水200毫升。

做法

1. 将生菜叶洗净，切碎；将芦笋洗净，切成丁。

2. 将切好的生菜叶、芦笋和水一起放入榨汁机榨汁。

功效解读

此饮品能够抗氧化、预防动脉硬化。生菜适合高胆固醇、神经衰弱、肝胆病等患者经常食用。据研究，芦笋对高脂血症、高血压、动脉硬化具有良好的预防作用。

橙子豆浆汁

主料

橙子半个，豆浆200毫升。

做法

1. 将橙子洗净，连皮切块。

2. 将切好的橙子和豆浆一起放入榨汁机榨汁。

功效解读

此饮品能够促进新陈代谢、预防动脉硬化。适当喝豆浆能够强身健体、防止衰老，中老年女性喝豆浆对身体健康有好处，豆浆除富含抗氧化剂、矿物质和维生素以外，还含有牛奶中没有的植物雌激素——黄豆苷元，能调节女性内分泌系统的功能，对防止动脉硬化亦有重要意义。

改善胃肠功能 吃得香、消化好、吸收棒

芒果苹果香蕉汁

主料

芒果、苹果、香蕉各1个，水200毫升。

做法

1. 将芒果剥皮，去核，切块；将苹果洗净，去核，切块。

2. 香蕉去皮并剥掉果肉上的果络，切块。

3. 将切好的芒果、苹果、香蕉和水一起放入榨汁机榨汁。

功效解读

此饮品能够润肠通便、排出毒素。芒果能生津止渴、消暑舒神。苹果性平，味甘、酸，具有生津润肺、止咳益脾、和胃降逆的功效。香蕉含有丰富的果胶和少量可以刺激胃部的酸，可调整胃肠功能，帮助消化，对便秘患者大有益处。

圆白菜汁

主料

圆白菜5片，水200毫升。

做法

1. 将圆白菜叶洗净，切碎。

2. 将切好的圆白菜和水一起放入榨汁机榨汁。

功效解读

此饮品能够保护胃肠健康，适于胃炎、胃溃疡患者。圆白菜含有某种溃疡愈合因子，对溃疡有着很好的辅助治疗作用，胃溃疡患者宜多吃。需要特别注意的是，皮肤瘙痒性疾病、眼部充血患者忌饮。圆白菜含有较多膳食纤维，且质硬，故脾胃虚寒、泄泻者不宜多饮。

芹菜西红柿汁

主料

芹菜半根，西红柿2个，水200毫升。

做法

1. 去除芹菜的根，洗净，切段。
2. 在洗净的西红柿表皮上划几道口子，在沸水中浸泡10秒，剥掉西红柿的皮并切块。
3. 将切好的芹菜、西红柿和水一起放入榨汁机榨汁。

功效解读

此饮品具有消炎、抗疲劳、健胃的作用。芹菜营养丰富，富含蛋白质、碳水化合物、矿物质及多种维生素等营养成分，还含有芹菜油，具有调节血压、镇静、健胃、利尿等疗效。西红柿含有苹果酸、柠檬酸等物质，能够帮助分泌胃酸，调整胃肠功能。

苹果香瓜汁

主料

苹果1个，香瓜半个，水200毫升。

做法

1. 将苹果洗净，去核，切块。
2. 将香瓜去皮，去瓤，切块。
3. 将切好的苹果、香瓜和水一起放入榨汁机榨汁。

功效解读

此饮品能够改善胃肠不适，预防胃溃疡。苹果能调理胃肠，有止泻和通便的双重作用，这是因为苹果中含有鞣酸、果胶等特殊物质，未经加热的生果胶可软化大便，起到通便作用；而煮过的果胶则摇身一变，不仅具有吸收细菌和毒素的作用，还有收敛、止泻的功效。香瓜含有大量维生素，能够促进血液循环、帮助消化。

苹果土豆汁

主料

苹果1个，土豆1个。

做法

1. 将苹果洗净，去核，切块。

2. 将土豆洗净，去皮，切片，在热水中焯一下。

3. 将苹果块和焯好的土豆片一起放入榨汁机榨汁即可。

功效解读

此饮品能够润肠通便、保护胃肠健康。土豆含有丰富的维生素B_1、维生素B_2及大量优质纤维素，还含有氨基酸、蛋白质和优质淀粉等营养成分。土豆不仅不会使人发胖，还有愈伤、利尿、解痉的功效。苹果可中和胃酸，促进胆汁分泌，增强胆汁酸的功能，对消化不良、腹部胀满有一定的辅助功效。

西蓝花牛奶汁

主料

西蓝花2朵，牛奶200毫升。

做法

1. 将西蓝花切小朵，洗净，在热水中焯一下。

2. 将切好的西蓝花和牛奶一起放入榨汁机榨汁。

功效解读

此饮品能够有效预防和治疗便秘。西蓝花含有丰富的膳食纤维，有助于排便，并且能够及时排出肠内废弃物，有助于预防大肠癌。西蓝花富含蛋白质、脂肪、碳水化合物、膳食纤维、维生素及矿物质，其中维生素C含量较高，能增强肝脏的解毒能力，而且有提高人体免疫力的作用，可预防感冒、维生素C缺乏病。牛奶有益肺养胃、生津润肠之功效，便秘患者饮用可调节脾胃功能，预防便秘。

无花果李子汁

主料

无花果4个，李子4个，猕猴桃1个，水200毫升。

做法

1. 将无花果洗净，切块；将李子洗净，去核，切块；将猕猴桃去皮，切块。

2. 将准备好的无花果、李子、猕猴桃和水一起放入榨汁机榨汁。

功效解读

此饮品能促进胃肠蠕动，调节肠道功能。无花果含有丰富的葡萄糖、果糖、蔗糖、柠檬酸及少量苹果酸、琥珀酸等，有一定的通便作用，在便秘时，可以用作食物性的轻泻剂。李子具有增进食欲的作用，为胃酸缺乏、食后饱胀、大便秘结者的食疗良品。猕猴桃中的膳食纤维含量丰富，可以促进胃肠蠕动及毒素排出。

酸奶芹菜汁

主料

芹菜半根，酸奶200毫升。

做法

1. 将芹菜洗净，切段。

2. 将切好的芹菜和酸奶放入榨汁机榨汁。

功效解读

此饮品能够遏制体内有害细菌的繁殖，辅助治疗和预防肠炎。酸奶中的乳酸菌饱含益力多乳酸菌、双歧杆菌等，它能促进营养成分的吸收。乳酸菌可调节人体胃肠道内的正常菌群，控制体内毒素，抑制肠道内腐败菌的生长繁殖和腐败产物的产生，从而对人体的营养状态、生理功能等产生积极作用。芹菜所含的成分能够增强乳酸菌调节胃肠功能的功效。

芹菜香蕉可可汁

健胃整肠

主料

芹菜半根，香蕉半根，水200毫升，可可粉适量。

做法

1. 将芹菜洗净，切碎。

2. 将香蕉去皮并剥掉果络，切成适当大小。

3. 将切好的芹菜、香蕉和水放入榨汁机榨汁。

4. 在榨好的果汁中加入可可粉搅拌均匀即可。

功效解读

此饮品有健胃整肠、润肠通便的功效。可可粉中的生物碱具有健胃功效，能刺激胃液分泌，促进蛋白质消化，辅助治疗抗生素不能解决的营养性腹泻。香蕉有清热解毒、润肠通便、润肺止咳、调节血压和滋补身体等功效。芹菜含有大量膳食纤维，可刺激胃肠蠕动，保持大便通畅。

圆白菜芦荟汁

保护胃肠道健康

主料

圆白菜2片，芦荟1段（4厘米），水200毫升。

做法

1. 将圆白菜洗净，切碎。

2. 将芦荟洗净，去皮，取肉。

3. 将切好的圆白菜、芦荟和水一起放入榨汁机榨汁。

功效解读

此饮品能够保护胃肠道健康。圆白菜含有溃疡愈合因子，能加速伤口愈合，是胃溃疡患者的食疗佳品。芦荟的汁有消炎、杀菌、健胃、通便等作用，对急性胃炎的治疗效果显著。另外，因为芦荟丰富的黏液可以黏附在破损的溃疡面上，不仅可以激活细胞组织再生，还可以使溃疡部位及周围组织长出新的组织。

第六章

健康成长
促发育

　　蔬果汁能为身体健康提供必不可少的营养成分，包括果糖、矿物质、有机酶、胡萝卜素、蛋白质和维生素等。常喝蔬果汁对孩子的健康成长大有益处。首先，常喝蔬果汁可以提高孩子自身的免疫力，增强抗病能力；其次，蔬果汁含有大量果胶及天然矿物质，能增进孩子的食欲，并且帮助消化；最后，蔬果汁有助于清除孩子体内的有害物质。

营养充足不生病 补充营养，提高抵抗力

核桃牛奶汁

主料

核桃6个，牛奶200毫升。

做法

1. 将核桃去壳，取出果肉。
2. 将核桃仁和牛奶一起放入榨汁机榨汁。

功效解读

此饮品能健脑益智、补充营养。核桃仁含有人体必需的钙、磷、铁等多种微量元素和矿物质，以及胡萝卜素、维生素等；核桃仁所含的亚油酸甘油酯可供给大脑基质的需要；核桃仁所含的微量元素锌和锰是垂体的重要成分，常食有健脑益智作用。核桃和牛奶属于经典搭配，能够使人体很好地吸收养分，保护大脑。

补充营养

小白菜草莓汁

均衡营养

主料

小白菜2棵，草莓6颗，水200毫升。

做法

1. 将小白菜洗净，切碎。
2. 将草莓洗净，去蒂，切块。
3. 将切好的小白菜、草莓和水一起放入榨汁机榨汁。

功效解读

此饮品可均衡各种营养。小白菜富含矿物质和维生素。草莓的营养成分很容易被人体消化、吸收，是老少皆宜的健康食品。草莓所含的膳食纤维可以帮助消化、润肠通便。

西蓝花芒果汁

主料

西蓝花2朵，芒果1个，水200毫升。

做法

1. 将西蓝花洗净，切块，在热水中焯一下。

2. 将芒果去皮，去核，切块。

3. 将准备好的西蓝花、芒果和水一起放入榨汁机榨汁。

功效解读

此饮品可补充人体所需的营养。西蓝花含有丰富的维生素A、维生素C和胡萝卜素，能增强皮肤的抗损伤能力。芒果富含的胡萝卜素可以活化细胞、促进新陈代谢，丰富的β-胡萝卜素和独一无二的酶，能促进废弃物排出。要特别注意的是，芒果性质湿热，皮肤病患者应避免进食。

芒果芹菜汁

主料

芒果1个，芹菜1根，水200毫升。

做法

1. 将芒果洗净，去皮，去核，切块；将芹菜洗净，切段。

2. 将准备好的芒果、芹菜和水一起放入榨汁机榨汁。

功效解读

此饮品可强化维生素的吸收，抗氧化。芒果含有糖类、矿物质、蛋白质、粗纤维、维生素C，其所含的胡萝卜素成分特别丰富，是所有水果中少见的。芹菜是高纤维食物，富含蛋白质、碳水化合物、胡萝卜素、B族维生素、钙、磷、铁、钠等。

香蕉葡萄汁

主料

香蕉1根，葡萄6颗，水200毫升。

做法

1. 将香蕉去皮并剥去果肉上的果络，切块。

2. 将葡萄洗净。

3. 将准备好的香蕉、葡萄和水一起放入榨汁机榨汁。

功效解读

此饮品可为人体提供大量的营养成分。香蕉中的维生素A能促进生长，增强对疾病的抵抗力；维生素B_1能增进食欲、助消化，保护神经系统；维生素B_2能促进人体正常生长和发育。葡萄含有蛋白质、氨基酸、卵磷脂、维生素及矿物质等多种营养成分，糖分的含量尤其高，而且主要是葡萄糖，很容易被人体直接吸收，并且还含有多种人体所需的氨基酸。

西瓜香瓜梨汁

主料

西瓜2片，香瓜2片，梨半个，水200毫升。

做法

1. 将西瓜去皮，去籽，切块；将香瓜去皮，去瓤，切块；将梨洗净，去核，切块。

2. 将西瓜块、香瓜块、梨块和水一起放入榨汁机榨汁。

功效解读

此饮品可消炎止痛、补充维生素。香瓜中的碳水化合物、柠檬酸、胡萝卜素和B族维生素、维生素C等，可消暑清热、生津解渴。梨具有清肺养肺的作用。西瓜不仅能补充人身体所缺乏的水分，还能补充维生素等营养成分。此外，西瓜可以清热解暑，对黄疸有一定的治疗作用。

西红柿蜂蜜汁

增强免疫力

主料

西红柿2个，蜂蜜适量，水200毫升。

做法

1. 将西红柿洗净，在沸水中浸泡10秒，剥去西红柿的表皮并切块。

2. 将切好的西红柿和水一起放入榨汁机榨汁。

3. 在榨好的蔬果汁内加入适量蜂蜜搅匀即可。

功效解读

此饮品能够补充维生素，增强免疫力。西红柿含有大量维生素C，而维生素C是目前治疗风寒感冒的主要成分，对于因缺乏维生素C导致感冒的人有一定效果，可预防儿童感冒。蜂蜜是一种营养丰富的健康食品，蜂蜜中的果糖和葡萄糖容易被人体吸收。

健康成长促发育

补充维生素

葡萄柳橙汁

主料

葡萄10颗，柳橙半个，水200毫升。

做法

1. 将葡萄洗净。

2. 将柳橙去皮，切块。

3. 将准备好的葡萄、柳橙和水一起放入榨汁机榨汁。

功效解读

此饮品有助于补充维生素，增强抗病能力。葡萄富含维生素、矿物质和氨基酸，是身体虚弱者的食疗佳品。柳橙富含维生素、矿物质，可为身体补充多种维生素。葡萄和柳橙搭配，不仅有补益气血的功效，还能及时补充维生素，增强抗病能力。

菠萝圆白菜青苹果汁

主料

菠萝4块，圆白菜2片，青苹果1个，水200毫升。

做法

1. 将菠萝洗净，去皮，切成小块；将圆白菜洗净，切碎；将苹果洗净，去核，切块。

2. 将切好的菠萝、圆白菜、苹果和水一起放入榨汁机榨汁。

功效解读

此饮品能够补充维生素。研究发现，未成熟的青苹果所含的多酚类含量高于成熟苹果。苹果多酚能有效抗氧化、保持食物新鲜，祛除鱼腥味、口臭等异味，预防蛀牙，抑制黑色素、酵素的产生。圆白菜中维生素C的含量丰富，菠萝几乎含有所有人体所需的维生素，对儿童生长发育有益。

柳橙香蕉酸奶汁

主料

柳橙1个，香蕉1根，酸奶200毫升。

做法

1. 将柳橙去皮，切块。

2. 将香蕉去皮并剥去果肉上的果络，切块。

3. 将准备好的柳橙、香蕉和酸奶一起放入榨汁机榨汁。

功效解读

此饮品能够缓解感冒症状。酸奶有促进胃液分泌、增进食欲、加强消化的功效；酸奶能抑制肠道内腐败菌的繁殖，并能减少腐败菌在肠道内产生的毒素。香蕉能够增强抵抗力，预防感冒。橙子富含维生素C、柠檬酸，以及多种矿物质，有消食、去油腻、增强抵抗力等功效。

雪梨苹果汁

主料

雪梨、苹果各1个，水200毫升。

做法

1. 将雪梨、苹果洗净，去核，切块。

2. 将切好的雪梨、苹果和水一起放入榨汁机榨汁。

功效解读

此饮品能够增强免疫力、润喉生津。雪梨含有苹果酸、柠檬酸、葡萄糖、果糖、钙、磷、铁及多种维生素，吃雪梨有润喉生津、润肺止咳、滋养胃肠等功效；雪梨对缓解肺热咳嗽、小儿风热、咽干喉痛、大便燥结等症较为适宜。苹果含有丰富的膳食纤维，能够增强人体免疫细胞的功能，从而起到预防感冒的作用，多吃苹果能够改善呼吸系统和消化系统的功能，还能清除肺部的垃圾。

菠菜柳橙苹果汁

主料

菠菜2棵，柳橙1个，苹果1个，水200毫升。

做法

1. 将菠菜去根，洗净，切碎；将柳橙去皮，切块；将苹果洗净，去核，切块。

2. 将准备好的菠菜、柳橙、苹果和水一起放入榨汁机榨汁。

功效解读

此饮品能够提高免疫力，防治感冒。橙子含有丰富的维生素C、维生素P，能增加毛细血管的弹性、增强人体抵抗力、预防和治疗感冒。苹果汁有强大的杀菌消毒作用，经常食用苹果的人比不吃或少吃的人得感冒的概率要低。菠菜所含的无机铁是构成血红蛋白、肌红蛋白的重要成分。

骨骼强健长得高 补充钙质, 促进骨骼生长

西蓝花橙子豆浆汁

主料

西蓝花2朵, 橙子半个, 豆浆200毫升。

做法

1. 将西蓝花切小朵, 洗干净, 放在热水中焯一下, 切碎。

2. 将橙子去皮, 切块。

3. 将准备好的西蓝花、橙子、豆浆一起放入榨汁机榨汁。

功效解读

此饮品可促进发育, 适合发育迟缓者。西蓝花的维生素C含量极高, 有利于儿童的生长发育和增强免疫功能。橙子所含的维生素C易被吸收, 可以促进儿童的智力发育。鲜豆浆含有大豆卵磷脂, 是生命的基础物质, 有很强的健脑作用。

促进发育

红薯苹果牛奶汁

强健骨骼

主料

红薯半个, 苹果半个, 牛奶200毫升。

做法

1. 将红薯洗净, 去皮后切块。

2. 将苹果洗净, 去核后切块。

3. 将切好的红薯、苹果和牛奶一起放入榨汁机榨汁。

功效解读

此饮品能增强免疫力, 强健骨骼。苹果除含有丰富的维生素外, 还含有丰富的锌, 是补锌的理想食品, 多吃苹果既可预防锌缺乏, 也可辅助治疗因缺锌引起的病症。红薯含有丰富的维生素C, 能促进钙、铁吸收, 维持牙齿、骨骼、肌肉和血管的正常功能。

荸荠猕猴桃芹菜汁

主料

荸荠4个，猕猴桃2个，芹菜半根，水200毫升。

做法

1. 将荸荠、芹菜洗净，分别切块和切段。

2. 将猕猴桃去皮，切块。

3. 将准备好的荸荠、猕猴桃、芹菜和水一起放入榨汁机榨汁。

功效解读

此饮品可提高免疫力、坚固牙齿。荸荠所含的磷是根茎类蔬菜中较高的，能促进人体生长发育并维持生理功能的需要，对牙齿、骨骼的发育有很大好处，同时可促进体内碳水化合物、脂肪和蛋白质的代谢，调节酸碱平衡。猕猴桃的维生素C含量是水果中较丰富的，是有益于牙龈健康的水果。芹菜含有丰富的对儿童生长发育有益的成分，如钙、磷等。

南瓜牛奶汁

主料

南瓜2片，牛奶200毫升。

做法

1. 将南瓜洗净，去皮，去瓤，在热水中焯一下，切成丁。

2. 将南瓜和牛奶一起放入榨汁机榨汁。

功效解读

此饮品有促进儿童生长发育的功效。南瓜含有丰富的锌，而锌参与人体内核酸、蛋白质的合成，是肾上腺皮质激素的固有成分，是促进人体生长发育的重要物质；南瓜所含的营养成分还能促进胆汁分泌，加强胃肠蠕动，帮助食物消化。牛奶富含的钙、维生素D等营养成分，有助于骨细胞的正常生长，可促进骨骼的生长发育。

香蕉苹果汁

主料

香蕉1根，苹果半个，水200毫升。

做法

1. 将香蕉去皮并剥去果肉上的果络，切块。

2. 将苹果洗净，去核，切块。

3. 将切好的香蕉、苹果和水一起放入榨汁机榨汁。

功效解读

此饮品可以促进骨骼的发育。香蕉易消化、吸收，儿童可以安心地食用。苹果含有多种营养成分，不仅能够补充人体所需的营养物质，增进食欲，还能促进骨骼的生长发育。

香蕉红茶汁

主料

香蕉1根，红茶200毫升。

做法

1. 将香蕉去皮并剥掉果肉上的果络，切块。

2. 将切好的香蕉和红茶一起放入榨汁机榨汁。

功效解读

此饮品有增强免疫力、强壮骨骼的功效。红茶中的红色素是一种多酚成分，具有抗氧化的作用，能够改善血液循环。香蕉所含的维生素A能促进骨骼生长，增强人体免疫力，还有助于维持正常的视力。

小白菜苹果牛奶汁

主料

小白菜1棵，苹果1个，牛奶200毫升。

做法

1. 将小白菜洗净，切段。
2. 将苹果洗净，去核，切块。
3. 将切好的小白菜、苹果和牛奶一起放入榨汁机榨汁。

功效解读

此饮品能够增强抵抗力、促进骨骼生长。小白菜所含的矿物质能够促进骨骼生长，加速人体的新陈代谢，增强人体的造血功能，胡萝卜素、烟酸等营养成分也是维持生命活动的重要物质。苹果含有能增强骨质的矿物元素硼与锰，研究发现，硼可以大幅度增加血液中雌激素和其他化合物的浓度，这些物质能够有效预防钙质流失。

蜂蜜枇杷汁

主料

枇杷8颗，蜂蜜适量，水200毫升。

做法

1. 将枇杷洗净，去皮，去核。
2. 将枇杷果肉和水一起放入榨汁机榨汁。
3. 在榨好的蔬果汁内加入适量蜂蜜搅匀即可。

功效解读

此饮品可促进儿童的身体发育。枇杷富含人体所需的各种营养成分，是保健水果。枇杷富含膳食纤维、胡萝卜素、苹果酸、柠檬酸、钾、磷、铁、钙及维生素A、B族维生素、维生素C等。丰富的B族维生素、胡萝卜素具有保护视力、保持皮肤健康润泽、促进儿童身体发育的功效。

健脑益智学习好 补益大脑，增强记忆力

柠檬汁

主料

柠檬2个，水200毫升。

做法

1. 将柠檬洗净，切块。

2. 将切好的柠檬和水一起放入榨汁机榨汁。

功效解读

此饮品不仅能够抗氧化，更能强化记忆力。维生素C和维生素E的摄取量达到均衡标准，有助于强化记忆力，提高思考反应灵活度。研究显示，如果血液循环功能退化，会造成脑部血液循环受阻，从而妨碍脑部功能的正常运作。柠檬含有丰富的维生素C，可改善血液循环不佳的问题，有利于提高记忆力及反应力。

柠檬红茶

主料

柠檬1个，红茶200毫升。

做法

1. 将柠檬洗净，切片。

2. 将部分柠檬片和红茶一起放入榨汁机榨汁。

3. 将榨好的蔬果汁倒入杯中，放入剩下的柠檬片即可。

功效解读

此饮品有助于集中注意力，具有健脑提神的功效。红茶中的咖啡因可以通过刺激大脑皮质来兴奋神经中枢，使思维反应更加敏捷，记忆力得以增强；咖啡因也对血管系统和心脏具有兴奋作用，从而加快血液循环，以利新陈代谢。柠檬富含维生素C和维生素P，能增强血管弹性和韧性。

草莓菠萝汁

主料

草莓6颗，菠萝2块，水200毫升。

做法

1. 将草莓去蒂，洗净，切块；将菠萝洗净，去皮，切成小块。

2. 将切好的草莓、菠萝和水一起放入榨汁机榨汁。

功效解读

此饮品能够促进智力发育，提高记忆力。草莓含有一种名叫非瑟酮的天然类黄酮物质，它能够刺激大脑，从而提高长期记忆力。菠萝含有大量果糖、葡萄糖、维生素、磷、柠檬酸和蛋白酶等，能够消食止泻、解暑止渴。此外，菠萝的香味和酸甜的口感还可以消除身体的紧张感，增强身体的免疫力。

香蕉核桃牛奶汁

主料

香蕉1根，牛奶200毫升，核桃仁适量。

做法

1. 将香蕉去皮并剥去果肉上的果络，切块。

2. 将香蕉块、核桃仁和牛奶一起放入榨汁机榨汁。

功效解读

此饮品能够健脑解压。核桃含有锌、锰、铬等人体不可缺少的微量元素，锌、锰是组成人体内分泌腺的关键成分，更重要的是，核桃含有卵磷脂、维生素，能延缓脑神经的衰老，是益智、健脑、强身的佳品。常食香蕉有益于大脑，可预防神经疲劳。牛奶含有人体生长发育所需的全部氨基酸，是其他食物无法比拟的。

红枣苹果汁

主料

红枣15颗，苹果1个，水200毫升。

做法

1. 将红枣洗净，去核，放入锅中，用微火炖熟至烂透。

2. 将苹果洗净，去核，切块。

3. 将准备好的红枣、苹果和水一起放入榨汁机榨汁。

功效解读

此饮品能益智健脑、增强免疫力。红枣富含钙和铁，正处于生长发育高峰期的青少年容易发生贫血、缺钙，红枣是理想的食疗佳品。此外，红枣还可以宁心安神、益智健脑、增进食欲。苹果中的有机酸可刺激肠壁蠕动，起到通便的效果。此饮品既可补充优质蛋白质，也可补充钙、磷等矿物质和维生素，从而增强免疫力，益智健脑。

葡萄蜂蜜汁

主料

葡萄6颗，柠檬半个，蜂蜜适量，水200毫升。

做法

1. 将葡萄洗净；将柠檬洗净，切块。

2. 将葡萄、柠檬和水一起放入榨汁机榨汁。

3. 在榨好的蔬果汁内加入蜂蜜搅匀即可。

功效解读

此饮品可以补益大脑、缓解压力。葡萄不但味美可口，而且营养价值很高，成熟的葡萄含有丰富的葡萄糖、矿物质和维生素，身体虚弱、营养不良的人，多吃葡萄有助于恢复健康。柠檬能够镇静、补充能量、缓解疲劳、提高记忆力，对理清思路有帮助。

苹果红薯汁

主料

苹果1个，红薯1个，水100毫升。

做法

1. 将苹果洗净，去核，切块。

2. 将红薯洗净，蒸熟，去皮之后切块。

3. 将切好的红薯与苹果一起放入榨汁机榨汁。

功效解读

此饮品能够增强记忆力和免疫力。苹果含有约14%的碳水化合物及丰富的果胶、维生素、钾和抗氧化剂等营养成分。红薯有补虚乏、益气力、健脾胃、强肾阴的功效，能使人"长寿少疾"，还能补中、和血、暖胃、肥五脏等。红薯含有大量膳食纤维、维生素、淀粉等人体必需的营养成分，以及镁、磷、钙等矿物质和亚油酸等，营养十分丰富。

松子西红柿汁

主料

西红柿1个，柠檬2片，松子适量，水200毫升。

做法

1. 将西红柿洗净，在沸水中浸泡10秒，剥去表皮并切块。

2. 将准备好的西红柿、柠檬片、松子和水一起放入榨汁机榨汁。

功效解读

此饮品能够益气健脑，适合脑力劳动者饮用。松子是大脑的优质营养补充剂，特别适合用脑过度人群食用；松子所含的不饱和脂肪酸具有增强脑细胞代谢、维护脑细胞功能的功效；松子中的谷氨酸有很好的健脑作用，可增强记忆力。西红柿含有丰富的类胡萝卜素，在人体内能转化为维生素A，具有促进骨骼生长的作用。

香蕉苹果梨汁

主料

香蕉、苹果、梨各1个，水100毫升。

做法

1. 将香蕉去皮并剥去果肉上的果络，切块。

2. 将苹果、梨洗净，去核，切块。

3. 将准备好的香蕉、苹果、梨和水一起放入榨汁机榨汁。

功效解读

此饮品有养心益气、健脑益智的作用。香蕉几乎含有所有的维生素和矿物质，从中可以很容易地摄取各种营养成分。香蕉易于消化吸收，从小孩到老年人都能安心地食用。苹果特有的香味可以缓解压力过大造成的不良情绪，还有提神醒脑的功效。梨能增进食欲、帮助消化，还可清喉降火，有保养嗓子的作用。

南瓜核桃汁

主料

南瓜4片，核桃仁适量，水200毫升。

做法

1. 将南瓜洗净，去皮，去瓤，切块。

2. 将切好的南瓜放入锅内蒸熟。

3. 将蒸好的南瓜和核桃仁、水一起放入榨汁机榨汁。

功效解读

此饮品可补充能量、健脑益智。核桃中大部分的脂肪是不饱和脂肪酸，富含维生素B_1、维生素B_6、叶酸和铜、镁、钾，也含有膳食纤维、磷、烟酸、铁、维生素B_2和泛酸；核桃营养价值丰富，具有健脑功效，有"万岁子""长寿果""养生之宝"等美誉。南瓜含有丰富的微量元素锌，它是人体生长发育的重要物质。

红豆乌梅核桃汁

主料

乌梅6颗,红豆、核桃仁适量,水200毫升。

做法

1. 将红豆洗净,浸泡3小时以上。

2. 将乌梅去核。

3. 将准备好的乌梅、红豆、核桃仁和水一起放入榨汁机榨汁。

功效解读

此饮品能够护肝利胆,健脑。乌梅所含的柠檬酸在体内能量转换中可使葡萄糖的效力大幅增加,以释放更多的能量来缓解疲劳。红豆富含维生素B_1、维生素B_2、蛋白质及多种矿物质,有利尿、消肿等功效。核桃含有大量脂肪和蛋白质,而且这种脂肪和蛋白质极易被人体吸收,经常吃核桃,既能健脑,又能强壮身体。

葡萄柚蔬菜汁

主料

葡萄柚半个,圆白菜2片,芹菜半根,香菜1棵,水200毫升。

做法

1. 将葡萄柚去皮,切块。

2. 将圆白菜、芹菜、香菜洗净,切碎。

3. 将准备好的葡萄柚、圆白菜、芹菜、香菜和水一起放入榨汁机榨汁。

功效解读

此饮品有健脑镇静的功效。芹菜具有健脑镇静、平肝清热、祛风利湿、凉血止血、清肠利便、润肺止咳的功效。葡萄柚含有丰富的维生素C,有助于保护大脑。圆白菜可增进食欲、促进消化、预防便秘。香菜辛香升散,能促进胃肠蠕动、开胃醒脾。

开胃消食助消化 增进食欲，孩子吃饭香

菠萝苹果汁

主料

菠萝4块，苹果1个，水200毫升。

做法

1. 将菠萝洗净，去皮，切成丁；将苹果洗净，去核，切块。

2. 将切好的菠萝、苹果和水一起放入榨汁机榨汁。

功效解读

此饮品可开胃消食，适合消化不良、胃口不佳者。菠萝富含菠萝朊酶和菠萝蛋白酶，能帮助胃分解和消化蛋白质。苹果有健脾益胃、生津润燥的功效，苹果中的膳食纤维能促进胃肠道蠕动，有助于清肠排便；苹果还含有丰富的维生素和矿物质，可以与五谷、蔬菜一起保护胃肠健康。

开胃消食

胡萝卜山楂汁

消食化积

主料

胡萝卜1根，山楂8颗，蜂蜜适量，水200毫升。

做法

1. 将胡萝卜洗净，去皮，切块；将山楂洗净，去核。

2. 将准备好的胡萝卜、山楂和水一起放入榨汁机榨汁。

3. 在榨好的蔬果汁中加入蜂蜜搅拌均匀即可。

功效解读

此饮品能够消食化积、增进食欲。胡萝卜中的挥发油能促进消化和杀菌。山楂含有多种维生素、山楂酸、柠檬酸、酒石酸及苹果酸等，可以促进胃液分泌，让小孩适量吃些山楂，有助于消食化积。

菠萝油菜汁

主料

菠萝2块，油菜1棵，水200毫升。

做法

1. 将菠萝洗净，去皮，切成小块。

2. 将油菜洗净，切碎。

3. 将准备好的菠萝、油菜和水一起放入榨汁机榨汁。

功效解读

此饮品能够补充维生素、预防便秘、增强儿童抵抗力。油菜为低脂肪蔬菜，且含有膳食纤维，能与胆酸盐和食物中的胆固醇及甘油三酯结合，并从粪便中排出，从而减少脂类的吸收。菠萝含有丰富的膳食纤维，具有加速胃肠蠕动、促进排便的作用，对便秘有辅助治疗作用。

猕猴桃葡萄芹菜汁

主料

猕猴桃2个，芹菜半根，葡萄10颗，水100毫升。

做法

1. 将猕猴桃去皮，切块；将芹菜洗净，切段；将葡萄洗净。

2. 将准备好的猕猴桃、芹菜、葡萄和水一起放入榨汁机榨汁。

功效解读

此饮品能够润肠通便，补充身体能量。猕猴桃含有蛋白水解酶成分，可催化肠道内的蛋白质水解、消化、吸收；其所含的膳食纤维有促进胃肠蠕动和加速大便排泄的功能。芹菜含有大量粗纤维，可刺激胃肠蠕动，促进排便。

哈密瓜蜂蜜汁

主料

哈密瓜3片，蜂蜜适量，水200毫升。

做法

1. 将哈密瓜去皮，去瓤，切块。

2. 将哈密瓜块和水一起放入榨汁机榨汁。

3. 在榨好的蔬果汁内加入适量蜂蜜搅匀即可。

功效解读

此饮品能够促进新陈代谢、润肠通便。哈密瓜含有非常丰富的维生素，能够促进内分泌和造血功能的发挥，从而加强消化功能，促进新陈代谢。蜂蜜富含多种维生素、矿物质，有保护心血管、促进睡眠和胃肠蠕动等功效。

胡萝卜菠萝西红柿汁

主料

胡萝卜半根，菠萝2块，西红柿1个，水200毫升。

做法

1. 将胡萝卜洗净，切块；将菠萝洗净，去皮，切成小块。

2. 将西红柿洗净，在沸水中浸泡10秒，剥去表皮并切块。

3. 将切好的胡萝卜、菠萝、西红柿和水一起放入榨汁机榨汁。

功效解读

此饮品能够增进食欲、预防便秘。西红柿含有丰富的苹果酸和柠檬酸等有机酸，它们能促进胃液分泌，帮助消化，调整胃肠功能。胡萝卜有健脾和胃、补肝明目的功效，对肠胃不适、便秘等症具有食疗作用。菠萝可促进消化、预防便秘。

胡萝卜雪梨汁

主料

胡萝卜1根，雪梨1个，柠檬2片，水200毫升。

做法

1. 将胡萝卜洗净，去皮，切块；将雪梨洗净，去核，切块。

2. 将准备好的胡萝卜、雪梨、柠檬和水一起放入榨汁机榨汁。

功效解读

此饮品能够抗氧化、润肠通便。胡萝卜含有蛋白质、碳水化合物、粗纤维、矿物质等成分，胡萝卜中的β-胡萝卜素是维生素A的前体物质，这种成分的合成使胡萝卜具有很强的抗氧化作用。雪梨含有鞣酸、多种维生素及微量元素，具有祛痰止咳、软化血管等功效；雪梨中果胶含量丰富，有助于促进大便的排泄。

增进食欲

葡萄柚橙子生姜汁

主料

葡萄柚1个，橙子1个，生姜2片，水200毫升。

做法

1. 将葡萄柚、橙子去皮，切块；将生姜洗净，切成末。

2. 将准备好的葡萄柚、橙子、生姜和水一起放入榨汁机榨汁。

功效解读

此饮品能够增进食欲。葡萄柚具有健胃、润肺、补血、清肠、通便等功效，可促进伤口愈合；葡萄柚所含的苦味能够促进消化液的分泌。橙子富含维生素C、柠檬酸、膳食纤维等营养成分和多种矿物质，有消食解腻、清肠等功效。生姜可刺激唾液、胃液和消化液的分泌，有助于增强胃肠蠕动，增进食欲。

香蕉菠萝汁

主料

香蕉1根，菠萝2块，水200毫升。

做法

1. 将香蕉去皮并剥去果肉上的果络，切块。

2. 将菠萝洗净，去皮，切成小块。

3. 将切好的香蕉、菠萝和水一起放入榨汁机榨汁。

功效解读

此饮品能够排毒通便、增进食欲。香蕉味甘，性寒，可清热润肠、促进胃肠蠕动。香蕉含有一种能预防胃溃疡的化学物质，能刺激胃黏膜细胞的生长，从而产生更多的黏膜来保护胃。香蕉能够帮助排出肠道垃圾，增进食欲。菠萝所含的菠萝朊酶能分解蛋白质，在食用肉类或油腻食物后，吃些菠萝对身体大有好处。

胡萝卜柠檬酸奶汁

主料

胡萝卜半根，柠檬2片，酸奶200毫升，蜂蜜适量。

做法

1. 将胡萝卜洗净，去皮，切块。

2. 将准备好的胡萝卜、柠檬片和酸奶一起放入榨汁机榨汁。

3. 在榨好的蔬果汁内加入适量蜂蜜搅匀即可。

功效解读

此饮品能够增进食欲。胡萝卜可以补中益气、健胃消食、壮元阳、安五脏，辅助治疗消化不良、久痢、咳嗽、夜盲症等，胡萝卜能帮助食物消化和吸收。柠檬富有香气，还能促进胃酸的分泌，增强胃肠蠕动。酸奶含有多种益生菌，能促进食物的消化吸收，维护肠道菌群生态平衡。

木瓜百合汁

主料

木瓜半个，百合适量，牛奶200毫升。

做法

1. 将木瓜去皮，去瓤，切块。

2. 将木瓜块、百合和牛奶一起放入榨汁机榨汁。

功效解读

此饮品能够清理肠道，改善体内循环系统功能。木瓜含有丰富的维生素C、B族维生素、钙、磷、铁等矿物质，以及大量胡萝卜素、蛋白质、木瓜酵素、有机酸、膳食纤维、钙盐、柠檬酶等营养成分。木瓜中的木瓜蛋白酶，可将脂肪分解为脂肪酸。百合除含有淀粉、蛋白质、脂肪及钙、磷、铁、维生素B_1、维生素B_2、维生素C等营养成分外，还含有秋水仙碱等多种生物碱，能促进机体的新陈代谢。此外，百合具有养心安神、润肺止咳、开胃健脾的功效。

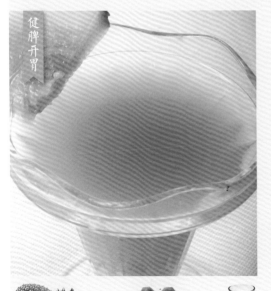

菠萝西瓜汁

主料

菠萝2块，西瓜2片，水200毫升。

做法

1. 将菠萝洗净，去皮，切成丁；将西瓜去皮，去籽，切块。

2. 将菠萝块、西瓜块和水一起放入榨汁机榨汁。

功效解读

此饮品有助于健脾开胃。菠萝果肉甜中带酸，吃起来爽口多汁，有强烈的芳香气味，可以增进食欲、缓解疲劳。菠萝尤其适合长期食用肉类及油腻食物的人群。西瓜可以帮助开胃解暑，并且利于维生素和蛋白质的吸收。

保护视力更清晰 养肝明目，缓解视疲劳

苹果胡萝卜菠菜汁

主料

苹果半个，胡萝卜半根，菠菜4棵，水200毫升。

做法

1. 将苹果、胡萝卜洗净，去核，切丁；菠菜洗净，用热水焯一下，捞出切成段。

2. 将切好的苹果、胡萝卜、菠菜一起放入榨汁机榨汁。

功效解读

此饮品有明目补肝的作用。菠菜含有一种类胡萝卜素物质，这种物质可以防止太阳光照射所引起的视网膜损害。苹果含有维生素A和微量元素硒，常吃苹果有助于保护视力。胡萝卜含有大量胡萝卜素，其中50%可迅速转化成维生素A，有补肝明目作用，能维护眼睛和皮肤的正常生理功能。

明目补肝

胡萝卜荠菜汁

明目护眼

主料

胡萝卜半根，荠菜1棵，水100毫升。

做法

1. 将胡萝卜洗净后切成丁；将荠菜洗净后切碎。

2. 将胡萝卜丁、荠菜碎和水一起放入榨汁机榨汁。

功效解读

此饮品能够明目护眼、增强抵抗力。荠菜具有和脾、利水、止血、明目的功效。胡萝卜中的多种营养成分都对眼睛有保护作用，尤其是丰富的胡萝卜素，被吸收利用后会转变成维生素A，维生素A和蛋白质可结合成视紫红质，此成分是视网膜的杆状细胞感弱光的重要物质。

西红柿甜椒汁

主料

西红柿1个，红甜椒半个，水200毫升。

做法

1. 将西红柿洗净，在沸水中浸泡10秒，去皮后切块；将红甜椒洗净，去籽，切块。

2. 将切好的西红柿、红甜椒和水一起放入榨汁机榨汁。

功效解读

此饮品能够缓解视疲劳、舒缓心情。西红柿所含的番茄红素具有抑制脂质过氧化作用，能防止自由基的破坏，抑制视网膜黄斑病变，保护视力。甜椒味辛，性热，入心、脾经，有温中散寒、开胃消食的功效，主治寒滞腹痛、呕吐、泻痢、冻疮、脾胃虚寒、伤风感冒等症。需要特别注意的是，甜椒的色泽越鲜艳，抗氧化的功效就越显著。

菠菜汁

主料

菠菜4棵，柠檬半个，蜂蜜适量。

做法

1. 将菠菜洗净，放在开水中焯一下，捞出切成段。

2. 将菠菜段、柠檬和蜂蜜一起放入破壁机榨汁。

功效解读

此饮品有抗氧化、保护眼睛的功效。人体内的叶黄素集中分布在视网膜，如果缺乏叶黄素，罹患眼疾的概率就会增加。菠菜含有丰富的叶黄素，因而多吃菠菜可以预防眼部疾病。同时，菠菜所含的维生素C、维生素E和胡萝卜素，能维持体内正常的蛋白质含量。柠檬中的维生素C能维持人体各种组织和细胞间质的生成，并保持它们正常的生理功能。

蓝莓汁

主料

蓝莓15颗，水适量。

做法

1. 将蓝莓用盐水泡10分钟，洗净。

2. 把洗好的蓝莓和水一起放入榨汁机榨汁。

功效解读

此饮品对预防眼部疾病有很好的效果。蓝莓含有大量生物活性物质，被称为果蔬中的"第一号抗氧化剂"，能保护细胞免受过氧化物的破坏。蓝莓中的花青素可促进视网膜细胞中视紫质的再生成，可预防重度近视及视网膜剥离，并可增强视力。蓝莓还含有花青苷，对感染类的疾病有很好的治疗效果。经常食用蓝莓制品，可明显增强视力，缓解眼部疲劳。

胡萝卜玉米枸杞子汁

主料

胡萝卜半根，玉米粒、枸杞子各适量，水200毫升。

做法

1. 将胡萝卜洗净，切块。

2. 将准备好的胡萝卜、玉米粒、枸杞子和水一起放入榨汁机榨汁。

功效解读

此饮品能够增强视力。玉米含有多种营养物质，如卵磷脂、亚油酸、谷物醇、维生素E、纤维素等，是不可多得的健康食品。胡萝卜和枸杞子含有大量β-胡萝卜素，β-胡萝卜素是天然的维生素A的前体物质，胡萝卜是名副其实的护眼之宝。

南瓜汁

主料

南瓜2块，水适量。

做法

1. 将南瓜洗净，去皮，去瓤，切块，用热水焯一下。

2. 将南瓜块和水一起放入榨汁机榨汁即可。

功效解读

此饮品能够保护胃黏膜和视网膜。南瓜中的胡萝卜素和维生素E能保护皮肤、黏膜和视网膜。南瓜含有丰富的糖类，是一种非特异性免疫增强剂，能提高人体免疫功能，促进细胞因子生成，通过活化补体等途径对免疫系统发挥多方面的调节功能。南瓜中丰富的类胡萝卜素在人体内可转化成具有重要生理功能的维生素A，从而促进骨骼的发育。

猕猴桃蛋黄橘子汁

预防眼疾 ▲

主料

猕猴桃2个，熟蛋黄1个，橘子半个，水200毫升。

做法

1. 将猕猴桃、橘子均去皮，切块。

2. 将准备好的猕猴桃、橘子、熟蛋黄和水一起放入榨汁机榨汁。

功效解读

此饮品能够益气补血、提高注意力、预防眼疾。蛋黄所含的叶黄素和玉米黄素可以帮助眼睛过滤有害的紫外线，延缓眼睛的老化，预防视网膜黄斑病变和白内障等眼疾。猕猴桃中丰富的叶黄素是防止视力退化的主要成分。橘子含有丰富的叶黄素，叶黄素可预防视力退化，因此，多吃橘子有助于预防眼疾。

胡萝卜苹果橙子汁

主料

胡萝卜半根，苹果1个，橙子1个，水200毫升。

做法

1. 将胡萝卜洗净，去皮，切块；将苹果洗净，去核，切块；将橙子去皮，切块。

2. 将胡萝卜块、苹果块、橙子块和水一起放入榨汁机榨汁。

功效解读

此饮品可缓解视疲劳，保护视力。胡萝卜能提供丰富的维生素A，具有促进人体正常生长、维持上皮正常功能、防止呼吸道感染、保护视力、辅助治疗夜盲症和眼干燥症等功效。苹果含有维生素A和微量元素硒等对视力起关键作用的成分。橙子中的胡萝卜素在体内可合成维生素A，可以缓解眼睛干涩和不适。

橙子芒果牛奶汁

主料

橙子、芒果各1个，牛奶200毫升。

做法

1. 将橙子去皮，分开。

2. 将芒果去皮，去核，切块。

3. 将橙子瓣、芒果块和牛奶一起放入榨汁机榨汁。

功效解读

此饮品能预防视力下降。芒果含有碳水化合物、蛋白质、粗纤维等营养成分，其所含的维生素A特别丰富，是所有水果中少见的。芒果中的维生素C、矿物质、脂肪、蛋白质等具有健胃、助消化、生津止渴、预防视力下降的作用。牛奶含有丰富的维生素，其中的维生素A有助于保护视力、缓解视疲劳，还能营养视神经。

第七章
四季养生
蔬果汁

　　两千多年前，孔子提出了"不时，不食"的饮食养生观点。所谓"时"，也就是时令，用现在的话来说就是当季、应季。在两千多年后的今天，这一观点仍然具有重要意义。蔬菜、水果都有自己的自然生长规律，应季的蔬菜、水果才是更健康的。"智者之养生也，必顺四时而适寒暑"，春生、夏长、秋收、冬藏，按照一年四季的气候变化，有针对性地饮用当令的蔬果汁，才是健康的生活方式。

春季：温补阳气

甜菜根芹菜汁

主料

甜菜根1个，芹菜半根，水200毫升。

做法

1. 将甜菜根、芹菜洗净，甜菜根切块，芹菜切段。

2. 将切好的甜菜根、芹菜和水一起放入榨汁机榨汁。

功效解读

此饮品能够增进食欲。芹菜具有独特的香气，榨汁后含有挥发性物质，芳香，能够增进食欲，也能减轻女性和老年人的虚冷症状。甜菜根富含膳食纤维、维生素、叶酸及铁质，对素食者及女性来说，是很好的营养补充剂。甜菜根也有抗氧化和调节胆固醇的功效。

增进食欲

西红柿洋葱芹菜汁

促进血液循环

主料

西红柿1个，洋葱半个，芹菜半根，水200毫升。

做法

1. 将西红柿洗净，在表皮划几道口子，在沸水中浸泡10秒，将西红柿的表皮去掉，切块。

2. 将洋葱洗净后在微波炉加热，变软后切碎；将芹菜洗净，切段。

3. 将准备好的西红柿、洋葱、芹菜和水一起放入榨汁机榨汁。

功效解读

洋葱含有前列腺素A，有扩张血管、降低血液黏稠度、预防心脑血管疾病的作用。芹菜富含维生素P，可以增强血管壁的弹性，促进血液循环。

哈密瓜草莓牛奶汁

滋阴补阳

主料

哈密瓜2片，草莓4颗，牛奶200毫升。

做法

1. 将哈密瓜去皮，去瓤，切块。
2. 将草莓去蒂，洗净，切块。
3. 将切好的哈密瓜、草莓和牛奶一起放入榨汁机榨汁。

功效解读

此饮品能够很好地补充身体所需的维生素，滋阴补阳。哈密瓜的维生素含量非常丰富，有利于人的心脏和肝脏的正常工作及肠道系统的活动，可促进内分泌、增强造血功能，加强消化功能。草莓富含氨基酸、果糖、蔗糖、葡萄糖、柠檬酸、苹果酸、果胶、胡萝卜素等，能够补充身体所需的各种营养，同时还能够调节心情。牛奶营养丰富，更具有滋阴养液、生津润燥的功效。

橘子胡萝卜汁

增强免疫力

主料

橘子1个，胡萝卜1根，水200毫升。

做法

1. 将橘子去皮，分瓣。
2. 将胡萝卜洗净，去皮，切块。
3. 将准备好的橘子、胡萝卜和水一起放入榨汁机榨汁。

功效解读

此饮品能够促进血液循环，增强免疫力。缺乏维生素A就容易患呼吸道和消化道疾病，一旦感冒或腹泻，体内维生素A的水平就会进一步下降，维生素A缺乏还会降低人体的抗体反应，导致免疫功能下降。春季是万物生发的时候，需要多补充维生素A，以提高身体的免疫力。橘子和胡萝卜都含有较丰富的维生素A，所以此蔬果汁适合春季饮用。

四季养生蔬果汁

雪梨芒果汁

主料

雪梨1个，芒果1个，水200毫升。

做法

1. 将雪梨、芒果去皮，去核，切块。

2. 将准备好的雪梨、芒果和水一起放入榨汁机榨汁。

功效解读

此饮品能增强免疫力，预防季节性感冒。雪梨性微寒，味甘，能生津止渴、润燥化痰、润肠通便。春季万物生发，吃雪梨有助于调节身体循环，增强免疫力。芒果营养丰富，可以美容养肤，还能预防高血压、动脉硬化、便秘，同时还有止咳、清肠胃的功效。

草莓苦瓜甜椒汁

主料

草莓10颗，苦瓜半根，甜椒1个，水200毫升。

做法

1. 将草莓去蒂，洗净，切块；将苦瓜洗净，去瓤，切成丁；将甜椒洗净，去籽，切块。

2. 将准备好的草莓、苦瓜、甜椒和水一起放入榨汁机榨汁。

功效解读

此饮品能够消除身体炎症，增强抵抗力。苦瓜含有较多维生素C、维生素B_1、生物碱、半乳糖醛酸和果胶，这些营养成分具有增进食欲、利尿、活血、消炎、退热和提神醒脑等作用。需要特别注意的是，如果平时消化功能不好，则不宜过多食用苦瓜。

夏季：生津解暑

葡萄椰奶汁

主料

葡萄6颗，柠檬2片，椰奶200毫升，冰糖适量。

做法

1. 将葡萄洗净。
2. 将准备好的葡萄、柠檬片和椰奶一起放入榨汁机榨汁。

功效解读

此饮品能够迅速补充体内能量，增强免疫功能。椰奶有很好的清凉消暑、生津止渴、利尿、强心、生津、利水、止呕止泻等功效。椰奶营养很丰富，是补充营养、缓解身体疲劳的佳饮。葡萄皮含有的单宁、花青素等物质，具有抗氧化、保护心血管、提高免疫力等功能，经常食用可强身健体。

补充能量

清热祛暑

雪梨西瓜香瓜汁

主料

雪梨1个，香瓜、西瓜各2片。

做法

1. 将雪梨洗净，去核，切块；将香瓜去皮，去瓤，切块；将西瓜去皮，去籽，切块。
2. 将切好的雪梨、香瓜、西瓜一起放入榨汁机榨汁。

功效解读

此饮品能够消热祛暑，补充人体流失的水分。雪梨味甘，性寒，内含苹果酸、柠檬酸、维生素等，具有生津润燥、清热化痰的功效。西瓜含有大量水分和糖类，可以有效补充水分，有清热祛暑、除烦止渴的功效。香瓜含有大量碳水化合物及柠檬酸等，且水分充足，可清热解暑、生津解渴。

芒果椰子香蕉汁

主料

芒果1个，椰子1个，香蕉1根。

做法

1. 将芒果去皮，去核，切块；用刀从椰子上端戳向内果皮，使其芽眼薄膜破开，倒出汁液。

2. 将香蕉去皮并剥去果肉上的果络，切块。

3. 将准备好的芒果、香蕉和椰子汁一起放入榨汁机榨汁。

功效解读

此饮品能够消暑解渴、爽口开胃。芒果果肉多汁，鲜美可口。炎热的夏季食用芒果，能起到生津止渴、消暑舒神的作用。香蕉富含硫胺素，能抗脚气病、增进食欲、助消化、保护神经系统。椰子汁具有滋补、清暑解渴的功效，主治暑热口渴，也能生津利尿，主治热病。

莲藕柳橙苹果汁

主料

莲藕4片，柳橙1个，苹果半个，水100毫升。

做法

1. 将苹果洗净，去皮，去核，切块；将柳橙、莲藕去皮，切成丁。

2. 将切好的莲藕、苹果、柳橙和水一起放入榨汁机榨汁。

功效解读

此饮品可清热解暑，尤其适合中暑人群饮用。生莲藕性寒，有解暑清热、通气利水、养胃生津、疏导关窍的功效，但吃的时候注意要将藕节去掉，因为藕节和莲藕在性味、功用上虽然相似，但藕节更加侧重止血功效。柳橙能清除体内对健康有害的自由基。苹果有健脾益胃、生津润燥的功效，苹果中的膳食纤维能促进胃肠道蠕动，有助于清肠排便。

黄瓜葡萄香蕉汁

主料

黄瓜1根，香蕉1根，葡萄8颗，柠檬2片，水200毫升。

做法

1. 将黄瓜洗净，切块；将葡萄洗净；将香蕉去皮并剥去果络，切块。

2. 将准备好的黄瓜、葡萄、香蕉、柠檬和水一起放入榨汁机榨汁。

功效解读

此饮品能够增进食欲、消暑祛燥。黄瓜味甘，性凉，具有清热利水、解毒的功效。对胸热、利尿等有独特的功效，对除湿、滑肠、镇痛也有明显效果。香蕉能快速补充能量，其中的糖分可迅速转化为葡萄糖，是一种快速的能量来源。葡萄能滋肝肾、生津液、强筋骨，有补益气血、通利小便的作用。柠檬中的柠檬酸能够加速新陈代谢，帮助排出体内毒素。

胡萝卜薄荷汁

主料

胡萝卜1根，薄荷叶4片，蜂蜜适量，水200毫升。

做法

1. 将胡萝卜洗净，去皮，切块；将薄荷叶洗净。

2. 将准备好的胡萝卜、薄荷叶和水一起放入榨汁机榨汁。

3. 在榨好的蔬果汁内加入蜂蜜搅匀即可。

功效解读

此饮品能够清爽怡神、清热除烦。胡萝卜有健脾和胃、补肝明目、清热解毒等功效，对肠胃不适、便秘等症状有食疗作用。蜂蜜能改善睡眠并促进生长发育，对人体有一定的保健和食疗效果。薄荷可用来治疗感冒，能促进排汗，对清咽润喉、消除口臭有很好的功效。

西红柿生姜汁

消烦祛燥

主料

西红柿1个，生姜2片，柠檬2片，水200毫升。

做法

1. 将西红柿洗净，在沸水中浸泡10秒，剥去表皮并切块；将生姜、柠檬洗净，切碎。

2. 将准备好的西红柿、生姜、柠檬和水一起放入榨汁机榨汁。

功效解读

此饮品能够消烦祛燥、开胃。西红柿味甘、酸，性微寒，可生津止渴、凉血养肝、清热解毒。西红柿汁与生姜汁混合饮服，可辅助治疗胃热、口干舌燥。柠檬富含柠檬酸、钾、钙、铁、维生素和生物类黄酮，有解暑开胃、清热化痰、美白肌肤等功效。

苹果黄瓜汁

缓解焦躁情绪

主料

苹果1个，黄瓜1根，柠檬2片，水200毫升。

做法

1. 将苹果洗净，去核，切块。

2. 将黄瓜洗净，切块。

3. 将准备好的苹果、黄瓜、柠檬和水一起放入榨汁机榨汁。

功效解读

此饮品能够缓解焦躁情绪。苹果的香气比别的水果的香气对人的心理影响更大，它能够明显缓解压抑和愁闷情绪。柠檬香气四溢，可以解除身体疲劳、缓解精神紧张。《本草纲目》中记载，黄瓜有清热、解渴、利水、消肿之功效。

秋季：滋阴润燥

胡萝卜西红柿蜂蜜汁

主料

胡萝卜半根，西红柿1个，蜂蜜适量，水200毫升。

做法

1. 将胡萝卜洗净，切块。
2. 将西红柿洗净，在沸水中浸泡10秒，取出后去皮，切块。
3. 将切好的胡萝卜、西红柿和水一起放入榨汁机榨汁。
4. 在榨好的蔬果汁内加入适量蜂蜜搅拌均匀即可。

功效解读

此饮品能够滋阴润燥。季节交替之时，身体较虚弱，各种细菌、病菌大量繁殖，这时它们会乘虚而入，因此应加大胡萝卜的摄入量。秋季皮肤易干燥，西红柿是很好的选择。

滋阴润燥

莲藕荸荠汁

主料

莲藕4片，荸荠6个，水200毫升。

做法

1. 将莲藕洗净，去皮，切成丁；将荸荠去皮，切块。
2. 将荸荠块、莲藕丁和水一起放入榨汁机榨汁。

功效解读

此饮品能够止咳化痰、生津润肺。荸荠含有蛋白质、脂肪、粗纤维、胡萝卜素、B族维生素、维生素C、铁、钙、磷和碳水化合物等，具有清热泻火的功效。荸荠质嫩多汁，可辅助治疗热病伤津口渴及风热引起的感冒、咳嗽。莲藕生用性寒，有清热凉血作用，可用来辅助治疗热性病症。

生津润肺

四季养生蔬果汁

雪梨蜂蜜汁

主料

雪梨2个，蜂蜜适量，水100毫升。

做法

1. 将雪梨洗净，去核，切块。

2. 将切好的雪梨和水一起放入榨汁机榨汁。

3. 在榨好的蔬果汁内加入蜂蜜搅拌均匀即可。

功效解读

此饮品能够生津润燥、清热解毒。雪梨有润肺祛燥、止咳化痰、养血生肌的作用，对喉干、痒、痛及喑哑、痰稠等均有良效；雪梨富含膳食纤维，是很好的胃肠"清洁工"，饭后喝杯梨汁，能促进胃肠蠕动，使积存在体内的有害物质大量排出，防止便秘；雪梨含有较多糖类和多种维生素，对肝脏有一定的保护作用，特别适合饮酒人士食用。蜂蜜具有补虚、润燥、解毒等功效，对中气亏虚、肺燥咳嗽等病症有食疗作用。

橘子苹果汁

主料

橘子、苹果各1个，水200毫升。

做法

1. 将橘子去皮，分瓣。

2. 将苹果洗净，去核，切块。

3. 将准备好的橘子、苹果和水一起放入榨汁机榨汁。

功效解读

此饮品能够生津止渴、增强免疫力。橘子的果肉含有丰富的维生素C，能增强人体的免疫力，同时还能降低患心血管疾病、肥胖症和糖尿病的概率。苹果有润肺生津、解暑除烦、开胃醒酒等功效，可辅助治疗暑热烦渴、大便秘结等症。

南瓜橘子汁

主料

南瓜2片，橘子1个，水200毫升。

做法

1. 将南瓜洗净，去皮，去瓤，切块。

2. 将橘子去皮，分瓣。

3. 将准备好的南瓜、橘子和水一起放入榨汁机榨汁。

功效解读

此饮品能够清火解毒、增强免疫力。南瓜能促进胆汁的分泌，加强胃肠的蠕动，帮助食物的消化，可用于辅助治疗久病气虚、脾胃虚弱、气短倦怠、便溏、糖尿病、蛔虫病等。橘子可以调和肠胃，也能刺激胃肠蠕动，帮助排气；橘子含有丰富的维生素C，在体内起着抗氧化、增强免疫力的作用。

蜂蜜柚子雪梨汁

主料

柚子2瓣，雪梨1个，水200毫升，蜂蜜适量。

做法

1. 将柚子去皮，切块；雪梨洗净，去核，切块。

2. 将柚子块、雪梨块和水一起放入榨汁机榨汁。

3. 在榨好的蔬果汁内加入蜂蜜搅匀即可。

功效解读

此饮品有生津润燥的功效。柚子含有非常丰富的蛋白质、维生素C、有机酸，以及钙、磷、镁、钠等人体必需的元素，能生津润燥、润肺清肠、理气化痰、补血健脾，可以预防感冒、促进消化、促进肝脏消化分解脂肪。雪梨具有生津止渴的功效，秋天正是养肺的好时机，因而适当吃雪梨对秋季养生健体大有益处。

芹菜牛奶汁

主料

芹菜1根，牛奶200毫升，蜂蜜适量。

做法

1. 将芹菜洗净，切段。

2. 将切好的芹菜和牛奶一起放入榨汁机榨汁。

3. 在榨好的蔬果汁内加入蜂蜜搅拌均匀即可。

功效解读

此饮品能够缓解不良情绪。芹菜含有蛋白质、脂肪、碳水化合物、胡萝卜素、维生素、粗纤维、钙、磷、铁等多种营养成分，具有调节血压、血脂的作用；秋季气候干燥，人体容易上火，多吃芹菜能够清火祛燥。研究发现，牛奶之所以具有镇静安神作用是因为它含有一种可抑制神经兴奋的成分，因此，睡前喝一杯牛奶有助于睡眠。

哈密瓜柳橙汁

主料

哈密瓜1/4个，柳橙1个，蜂蜜适量，水200毫升。

做法

1. 将哈密瓜去皮，去瓤，切块；将柳橙去皮，分开。

2. 将准备好的哈密瓜、柳橙和水一起放入榨汁机榨汁。

3. 在榨好的蔬果汁内加入蜂蜜搅拌均匀。

功效解读

此饮品对清热解燥很有帮助。哈密瓜果肉有利尿止渴、防暑气、除烦热等作用，食用哈密瓜能够改善身心疲倦、心神焦躁不安或口臭等症状。橙子含橙皮苷、柠檬酸、果胶、维生素C和维生素P等营养成分，具有增强毛细血管弹性、降低血液中胆固醇的作用。

冬季：滋补散寒

茴香苗橙子生姜汁

主料

茴香苗1棵，橙子1个，生姜2片，水200毫升。

做法

1. 将茴香苗、生姜洗净，切碎。
2. 将橙子去皮，切块。
3. 将切好的茴香苗、橙子、生姜和水一起放入榨汁机榨汁。

功效解读

此饮品能够促进血液循环、温经散寒。茴香苗能刺激胃肠神经血管，增加胃肠蠕动，排出积存的气体，有健胃、行气的功效。橙子中丰富的维生素C能增强免疫力，增强毛细血管的弹性，调节胆固醇。生姜可以暖胃开窍，还能促进身体排湿驱毒。

哈密瓜黄瓜荸荠汁

主料

哈密瓜2片，黄瓜半根，荸荠（去皮）4个，水200毫升。

做法

1. 将哈密瓜去皮，去瓤，切块。
2. 将黄瓜、荸荠洗净，切块。
3. 将切好的哈密瓜、黄瓜、荸荠和水一起放入榨汁机榨汁。

功效解读

此饮品能够促进新陈代谢。哈密瓜丰富的营养价值对人体造血功能有显著的功效，可以改善贫血。黄瓜所含的多种维生素和生物活性酶能促进机体代谢，有利于排出毒素。荸荠的磷含量丰富，有促进体内糖、脂肪、蛋白质三大物质的代谢，调节体内酸碱平衡的作用。

桂圆芦荟汁

主料

桂圆4颗，芦荟1段（6厘米），水200毫升。

做法

1. 将桂圆去皮，去核，取出果肉。

2. 将芦荟洗净，切块。

3. 将准备好的桂圆、芦荟和水一起放入榨汁机榨汁。

功效解读

此饮品能够补益气血、增强免疫力。桂圆的主要功能是安神，可用于辅助治疗失眠、健忘、惊悸。芦荟的保健功能主要有润肠通便、调节人体免疫力、保护肝脏、抗胃损伤、抗菌、修复组织损伤等，芦荟中的黏液是防止细胞老化和治疗慢性过敏的重要成分。

南瓜红枣汁

主料

南瓜2片，红枣6颗，蜂蜜适量，水200毫升。

做法

1. 将南瓜洗净，去皮，去瓤，切块后蒸熟；将红枣洗净，去核。

2. 将准备好的南瓜、红枣和水一起放入榨汁机榨汁。

3. 在榨好的蔬果汁内加入适量蜂蜜搅匀即可。

功效解读

此饮品能够暖身祛寒、增强抗病能力。南瓜含有丰富的钴，在各类蔬菜中含钴量居首位，钴能促进人体的新陈代谢，增强人体造血功能，并参与人体内维生素B_{12}的合成。红枣能提高人体免疫力，其中的果糖、葡萄糖、低聚糖、酸性多糖参与保肝护肝。

莲藕雪梨蜂蜜汁

主料

莲藕1段（6厘米），雪梨1个，水200毫升。

做法

1. 将莲藕去皮，切块；将雪梨去皮，去核，切块。

2. 将准备好的莲藕、雪梨和水一起放入榨汁机榨汁，倒出后放入蜂蜜搅匀即可。

功效解读

此饮品能够清热降火、除烦解毒，尤其适合在北方冬季饮用。莲藕含有淀粉、蛋白质、维生素C及氧化酶成分，生吃能清热除烦、解渴止呕，对因哮喘引起的咳嗽、气喘等效果良好。雪梨具有润燥消火的功效，在气候干燥时，人们常感到皮肤瘙痒、口鼻干燥，有时干咳少痰，每天喝一两杯雪梨汁可缓解干燥症状。

西蓝花苹果醋汁

主料

西蓝花2小朵，苹果醋10毫升，水适量。

做法

1. 将西蓝花切小块，洗净，用热水焯一下。

2. 将西蓝花块、苹果醋和水一起放入榨汁机榨汁。

功效解读

此饮品能够改善血液循环、缓解疲劳。西蓝花中的维生素K能维护血管的韧性，使其不易破裂。苹果醋含有10种以上有机酸和人体所需的多种氨基酸，能够改善血液循环，使血液呈弱碱性，从而缓解肌肉酸痛等疲劳症状。另外，苹果醋所含的钾、锌等多种矿物质在体内代谢后会生成碱性物质，能防止血液酸化，达到调节酸碱平衡的目的。

草莓苹果汁

主料

草莓8颗，苹果1个，水200毫升。

做法

1. 将草莓去蒂，洗净，切块。
2. 将苹果洗净，去核，切块。
3. 将准备好的草莓、苹果和水一起放入榨汁机榨汁。

功效解读

此饮品能够帮助肠胃消化食物，起调理滋补的作用。苹果含有大量维生素、矿物质和丰富的膳食纤维，具有补心益气、益胃健脾等功效，对胃肠道有一定的调理滋补作用。饭前食用草莓可刺激胃液大量分泌，增进食欲；饭后食用草莓则可促进消化。

甘蔗汁

主料

甘蔗1段（30厘米）。

做法

1. 将甘蔗去皮，洗净，切块。
2. 将切好的甘蔗放入榨汁机榨汁。

功效解读

此饮品能够舒缓情绪、滋补清热。甘蔗味甜，含糖量很丰富，此外，经科学分析，甘蔗还含有人体所需的其他营养成分，如蛋白质、脂肪、钙、磷、铁。甘蔗还含有天门冬氨酸、谷氨酸、丝氨酸、丙氨酸等多种有利于人体的氨基酸，以及多种维生素。甘蔗有滋补清热的作用，对于低血糖、大便燥结、小便不利、反胃呕吐、虚热咳嗽和高热烦渴等病症均有一定的辅助疗效。

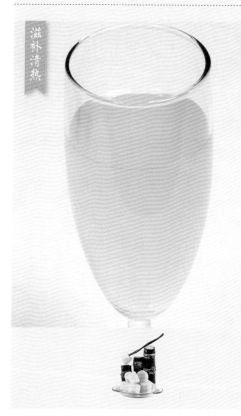

第八章
调养身心
蔬果汁

快速的生活节奏、巨大的工作压力、不规律的饮食和起居等导致很多人产生了种种健康问题，甚至出现某些病症。当身体出现不适或疾病的先兆时，可针对症状适量饮用对症的养生蔬果汁，可以起到强身健体的作用。平时也可以以预防疾病为主，多喝对症的蔬果汁，防患于未然，为自己和家人的健康保驾护航。

消化不良 开胃润肠, 帮助消化

胡萝卜苹果酸奶汁

主料

胡萝卜半根, 苹果半个, 酸奶200毫升。

做法

1. 将胡萝卜洗净, 切块; 将苹果洗净, 去核, 切块。

2. 将切好的胡萝卜、苹果和酸奶一起放入榨汁机榨汁。

功效解读

此饮品能够维护肠道健康、健胃消食。胡萝卜富含多种维生素, 有轻微而持续发汗的作用, 可刺激皮肤的新陈代谢, 促进血液循环, 从而使皮肤细嫩光滑、肤色红润。苹果味甘、酸, 性平, 具有生津止渴、益脾止泻、和胃降逆的功效, 能够有效促进食物的消化吸收。酸奶含有多种益生菌, 能促进食物的消化吸收。

黄瓜生姜汁

主料

黄瓜半根, 生姜2片, 水200毫升。

做法

1. 将黄瓜洗净, 切块。

2. 将生姜去皮, 切末。

3. 将切好的黄瓜、生姜和水一起放入榨汁机榨汁。

功效解读

此饮品能够促进人体新陈代谢、增进食欲。黄瓜所含的膳食纤维丰富, 有助于排泄肠内毒素, 还可调节血脂。生姜含有姜醇、姜烯、水芹烯、柠檬醛和挥发油, 还有姜辣素、树脂、淀粉和膳食纤维等成分, 具有健胃、增进食欲的作用。

猕猴桃柳橙汁

主料

猕猴桃2个，柳橙1个，水200毫升。

做法

1. 将猕猴桃去皮，切块。
2. 将柳橙去皮，切块。
3. 将切好的猕猴桃、柳橙和水一起放入榨汁机榨汁。

功效解读

此饮品能够促进肠道蠕动、清肠通便。猕猴桃含有优质的膳食纤维和丰富的抗氧化物质，能够起到清热降火、润燥通便的作用，可以有效预防和治疗便秘。柳橙营养丰富而全面，适用于饮食停滞而引起的呕吐、肝胃郁热等疾病。柳橙所含的膳食纤维可促进肠道蠕动，有利于清肠通便、排出体内有害物质。

木瓜圆白菜牛奶汁

主料

木瓜1个，圆白菜2片，牛奶200毫升。

做法

1. 将木瓜去皮，去瓤，切块。
2. 将圆白菜洗净，切碎。
3. 将切好的木瓜、圆白菜和牛奶一起放入榨汁机榨汁。

功效解读

此饮品能够健脾消食、预防肠道老化。木瓜中有一种酶，能消化蛋白质，有利于人体对食物的消化和吸收，有健脾消食的功效。新鲜的圆白菜含有植物杀菌素，有抑菌消炎的作用，对咽喉疼痛、胃痛、牙痛有一定的作用。牛奶能中和胃酸，防止胃酸对溃疡面的刺激，因此，服用牛奶对消化道溃疡有辅助治疗作用。需要特别注意的是，此饮品不能加热饮用。

葡萄芜菁汁

主料

葡萄150克，芜菁50克，柠檬30克，冰块适量。

做法

1. 葡萄剥皮，去籽；芜菁洗净，叶和根切开，根部切成适当大小。

2. 柠檬洗净，切片后放入榨汁机。

3. 葡萄用芜菁叶包裹，放入榨汁机。

4. 芜菁根块、剩余的芜菁叶与榨汁机内材料一起榨成汁，加冰块即可。

功效解读

此款饮品可利尿消肿、镇静安神、改善便秘，对高血压、肾病等都有一定的辅助疗效，还能改善面部浮肿及小便不利等症。葡萄富含钾，钠含量较少，并且有通利小便的功效，有助于利尿排钠，维持体液和电解质的平衡。芜菁所含的淀粉酶与萝卜相同，能促进消化及改善胃部功能。

李子酸奶汁

主料

李子6颗，酸奶200毫升。

做法

1. 将李子洗净，去核。

2. 将准备好的李子、酸奶一起放入榨汁机榨汁。

功效解读

此饮品能帮助消化、增进食欲。李子性平，味甘、酸，具有生津止渴、清肝除热和利水的功效，古代多将李子入药，用于治疗肝脏疾病，肝硬化、肝腹水等患者食鲜李子有辅助治疗的作用；李子还能促进胃酸和胃消化酶的分泌，能促进胃肠蠕动，帮助消化，增进食欲，是食后饱胀、胃酸缺乏、大便秘结者的食疗佳品。酸奶不仅含有鲜牛奶的全部营养成分，且易于消化吸收。

葡萄柚菠萝汁

主料

葡萄柚2片，菠萝2块，水200毫升。

做法

1. 将葡萄柚去皮，切块。
2. 将菠萝洗净，去皮，切成小块。
3. 将切好的葡萄柚、菠萝和水一起放入榨汁机榨汁。

功效解读

此饮品能够健胃消食、清胃解渴。葡萄柚中的柠檬酸有助于肉类的消化，避免人体摄入过多脂肪。菠萝有清热解暑、生津止渴的功效，可用于伤暑、身热烦渴、腹中痞闷、消化不良、小便不利、头昏眼花等症。菠萝所含的蛋白质分解酶可以分解蛋白质及助消化，很适合长期食用过多肉类及油腻食物的现代人食用。

火龙果牛奶汁

主料

火龙果1个，牛奶200毫升。

做法

1. 将火龙果去皮，切块。
2. 将火龙果块和牛奶一起放入果汁机搅打成汁。

功效解读

此饮品能够健胃助消化、预防便秘。火龙果中维生素C的含量非常丰富，所以具有非常好的美白皮肤的功效；火龙果果肉的黑色籽粒含有各种酶及不饱和脂肪酸和抗氧化物质，有助于胃肠蠕动，达到润肠的效果，对于便秘症状具有辅助治疗的作用。牛奶含有人体生长发育所需的全部氨基酸，可为肠胃提供所需的多种营养，且易被人体吸收，能促进胃肠蠕动，防止便秘。

洋葱苹果醋汁

主料

洋葱半个，苹果醋10毫升，水适量。

做法

1. 剥去洋葱的表皮，切块；用微波炉加热30秒，使其变软。

2. 将准备好的洋葱、苹果醋和水放入榨汁机榨汁即可。

功效解读

此饮品能够增进食欲、开胃消食。洋葱营养丰富，且气味辛辣，能刺激胃肠蠕动及消化腺分泌，增进食欲，且洋葱含有可调节胆固醇的含硫化合物的混合物，可用于辅助治疗消化不良、食欲不振、食积内停等症。苹果醋富含醋酸、苹果酸、柠檬酸、琥珀酸等有机酸，可以防止乳酸囤积在肌肉中，帮助消除身体疲劳，恢复精神，使唾液及胃液分泌旺盛，也能增进食欲。

哈密瓜酸奶汁

主料

哈密瓜2片，酸奶200毫升。

做法

1. 将哈密瓜去皮，去瓤，切块。

2. 将切好的哈密瓜和酸奶一起放入榨汁机榨汁。

功效解读

此饮品清凉爽口，可促进消化。哈密瓜果肉有利小便、止渴、除烦热、防暑气等作用，可辅助治疗发烧、中暑、口渴、小便不利、口鼻生疮等症状，身心疲倦者、心神焦躁不安者或口臭者食用，都能清热解燥；哈密瓜适合肾病、胃病、咳嗽痰喘、贫血和便秘等患者食用，有清凉消暑、除烦热、生津止渴的作用。酸奶含有多种酶，能促进胃液分泌、增进食欲、防止便秘。

苹果苦瓜牛奶汁

主料

苹果半个，苦瓜半根，牛奶200毫升。

做法

1. 将苹果洗净，去核，切块。
2. 将苦瓜洗净，去瓤，切成薄片。
3. 将切好的苹果、苦瓜和牛奶一起放入榨汁机榨汁。

功效解读

此饮品能够开胃消食、消炎退热。苦瓜具有清热消暑、补肾健脾、养血益气、滋肝明目的功效，对痢疾、疮肿、中暑发热、痱子过多、结膜炎等症有一定的辅助治疗功效；苦瓜所含的苦瓜苷和苦味素可以增进食欲，能够起到健脾开胃的作用。苹果可中和胃酸，促进胆汁分泌，增强胆汁酸的功能，有一定的助消化作用。

芒果香蕉椰汁

主料

芒果半个，香蕉1根，椰汁200毫升。

做法

1. 将芒果去皮，去核，切块。
2. 将香蕉去皮并剥去果肉上的果络，切块。
3. 将切好的芒果、香蕉、椰汁一起放入榨汁机榨汁。

功效解读

此饮品能够增进食欲、帮助消化。芒果中维生素C的含量高于一般水果，常食芒果可以补充体内维生素C的消耗，调节胆固醇、甘油三酯，有利于防治心血管疾病。香蕉富含硫胺素，有增进食欲、助消化、保护神经系统的作用。椰汁有很好的清凉消暑、生津止渴、强心、利尿、驱虫、止呕止泻的功效。

咳嗽痰多 清热生津，润肺祛痰

桂圆红枣汁

主料

桂圆6颗，红枣6颗，水200毫升。

做法

1. 将桂圆去皮，去核。

2. 将红枣洗净，去核。

3. 将准备好的桂圆、红枣和水一起放入榨汁机榨汁。

功效解读

此饮品能够益气生津、润肺护喉。桂圆肉甘温滋补，入心、脾二经，补益心脾，而且甜美可口，不滋腻，不滞气，是补心健脾的佳品。现代医学研究证实，桂圆肉含有蛋白质、脂肪、碳水化合物、有机酸、粗纤维及多种维生素和矿物质等。红枣益气生津、补脾和胃，可辅助治疗老年人气血津液不足、胃虚食少、脾弱便溏等症。

莲藕荸荠柠檬汁

主料

莲藕2片，荸荠4个，柠檬2片，水200毫升。

做法

1. 将莲藕去皮，洗净，切成小块；将荸荠洗净，去皮，切块。

2. 将切好的莲藕、荸荠、柠檬和水一起放入榨汁机榨汁。

功效解读

此饮品可清热化痰，对于肺部的保养很有帮助。生莲藕性寒，有清热除烦、凉血止血及散瘀的功效。荸荠味甘，性寒，富含黏液质，具有生津润肺、化痰利肠、消痈解毒、凉血化湿的功效。柠檬也有祛痰功效，感冒初起时，饮用柠檬汁可舒缓咽喉痛，减少喉咙干痒不适。

芒果柚子汁

主料

芒果1个，柚子半个，蜂蜜适量，水200毫升。

做法

1. 将芒果去皮，去核，切块；将柚子洗净，连皮切块。

2. 将切好的芒果、柚子和水一起放入榨汁机榨汁。

3. 在榨好的蔬果汁内加入适量蜂蜜搅匀即可。

功效解读

此饮品能够清热祛痰、护肺。芒果有止咳的功效，对咳嗽、痰多、气喘等症有辅助治疗作用。柚子果肉性寒，味甘、酸，有清热化痰、止咳平喘、解酒除烦、健脾消食的功效。蜂蜜具有润肺止咳、润肠通便等功效，主要用于辅助治疗肺燥咳嗽、肠燥便秘等症。

白萝卜莲藕梨汁

主料

白萝卜1段（4厘米），莲藕2片，梨1个，水200毫升。

做法

1. 将白萝卜、莲藕洗净，去皮，切成小块。

2. 将梨洗净，去核，切块。

3. 将切好的白萝卜、莲藕、梨和水一起放入榨汁机榨汁。

功效解读

此饮品能够润肺化痰、生津止咳。白萝卜性平，味甘、辛。《本草纲目》记载，白萝卜宽中化积滞，下气化痰浊。白萝卜有明显的化痰、止咳功能。生莲藕有清热凉血作用，可用来辅助治疗热证，对于热病口渴、衄血、咯血、下血者尤为有益。梨所含的苷及鞣酸等成分能祛痰止咳，对咽喉有养护作用。

苹果白萝卜甜菜根汁

主料

苹果1个，白萝卜1段（2厘米），甜菜根1个，水200毫升。

做法

1. 将苹果洗净，去核，切块。
2. 将白萝卜、甜菜根洗净，切块。
3. 将切好的苹果、白萝卜、甜菜根和水一起放入榨汁机榨汁。

功效解读

此饮品能够生津润肺、调整心肺功能。苹果中的膳食纤维、抗氧化物等能降低体内坏胆固醇的含量，每天坚持吃一两个苹果的人患心脏病的概率会大大降低；苹果具有生津润肺、解暑开胃等作用，主要用于辅助治疗咳嗽、暑热烦渴等症。甜菜根的钾含量非常高，是确保心脏正常运作的重要矿物质。中医认为，白萝卜有下气消食、除痰润肺的功效。

百合红豆豆浆汁

主料

红豆、百合各适量，豆浆100毫升，水200毫升。

做法

1. 将红豆洗净，用清水浸泡4～8个小时，放入高压锅中加水，以大火煮开，上气后再煮5分钟。
2. 将煮好的红豆和红豆水、百合及豆浆一起放入榨汁机榨汁。

功效解读

此饮品可清热解毒、润肺止咳。百合甘凉清润，入心、肺经，常用于清肺润燥、止咳、清心安神、定惊。红豆所含的硒、维生素E、维生素C有很强的抗氧化作用，对脑细胞作用很大。豆浆所含的麦氨酸有防止支气管平滑肌痉挛的作用，从而减少支气管哮喘的发作。

苹果小萝卜汁

主料

青苹果半个，小萝卜2个，水200毫升。

做法

1. 将青苹果洗净，去核，切成丁。
2. 将小萝卜洗净，切成块。
3. 将切好的青苹果、小萝卜和水一起放入榨汁机榨汁。

功效解读

此饮品具有预防感冒、润肺止咳的功效。在人们常食用的水果中，苹果的抗氧化活性仅次于草莓，排在第二位。有研究证实，苹果所含的多酚能够抑制癌细胞的增生。小萝卜性凉，味甘、辛，具有通气导滞、止咳化痰、解毒散瘀的功效，如有食积腹胀、消化不良、胃纳欠佳、咳嗽等症，可以生捣汁饮用；如有恶心呕吐、泛吐酸水、慢性痢疾等症，可切碎蜜煎细细嚼咽。

莲藕橘皮蜂蜜汁

主料

莲藕1段（4厘米），橘皮、蜂蜜各适量，水200毫升。

做法

1. 将莲藕洗净，去皮，切块。
2. 将切好的莲藕和水、橘皮一起放入榨汁机榨汁。
3. 在榨好的蔬果汁内加入适量蜂蜜搅拌均匀即可。

功效解读

此饮品能够化痰止咳、补益气血。莲藕味甘，生藕性寒，能清热润肺、凉血化瘀；熟藕性温，可健脾开胃、补心生血、止泻固精。橘皮入药称为"陈皮"，具有理气燥湿、化痰止咳、健脾和胃的功效，常用于防治胸胁胀痛、疝气、乳胀、乳房结块、胃痛、食积等症。

柳橙汁

主料

柳橙1个，蜂蜜适量，水200毫升。

做法

1. 将柳橙洗净，去皮，将果肉切成块状。

2. 将切好的柳橙和水一起放入榨汁机榨汁。

3. 在榨好的蔬果汁内加入适量蜂蜜搅匀即可。

功效解读

此饮品适于感冒、咳嗽、哮喘症状。柳橙果肉可健脾开胃，果皮可化痰止咳。柳橙含有丰富的膳食纤维、维生素A、B族维生素、维生素C、磷、苹果酸等营养成分。柑橘类水果含有抗氧化成分，可以增强免疫系统的功能。蜂蜜具有润燥、补中、止痛、解毒等功效，用于脘腹虚痛、肺燥干咳、肠燥便秘等症。

橘子雪梨汁

主料

橘子半个，雪梨1个，水200毫升。

做法

1. 将橘子连皮洗净，切块。

2. 将雪梨去皮，去核，切成丁。

3. 将切好的橘子、雪梨和水一起放入榨汁机榨汁。

功效解读

此饮品能够生津润燥、清热化痰。雪梨味甘，性寒，具有生津润燥、清热化痰、养血生肌的功效，对急性支气管炎和上呼吸道感染患者出现的咽喉干、痒、痛及喑哑，痰稠，便秘，尿赤均有良效；雪梨又有调节血压和养阴清热的效果，高血压、肝炎、肝硬化等患者适宜常吃。橘子具有开胃理气、止咳润肺的功效，主要用于胸膈结气、呕逆少食、肺热咳嗽等症。

白萝卜雪梨橄榄汁

主料

白萝卜4片，雪梨1个，橄榄2个，水100毫升。

做法

1. 将白萝卜洗净，切块；将雪梨洗净，去核，切成丁；将橄榄洗净，去核。

2. 将准备好的白萝卜、雪梨、橄榄和水一起放入榨汁机榨汁。

功效解读

此饮品可利咽生津，对于辅助治疗咽炎有显著功效。白萝卜具有促进消化、增强食欲、加快胃肠蠕动和止咳化痰的作用；白萝卜生吃有很强的消炎作用，而其辛辣的成分可促进胃液分泌，调整胃肠功能。雪梨所含鞣酸等成分能够祛痰止咳。橄榄有利咽化痰、清热解毒、生津止渴、除烦醒酒的功效，中医素来称橄榄为"肺胃之果"，对肺热咳嗽、咯血颇有益。

西瓜苹果汁

主料

西瓜2片，苹果半个，水200毫升。

做法

1. 将西瓜去皮，去籽，切块。

2. 将苹果洗净，去核，切成块状。

3. 将切好的西瓜、苹果和水一起放入榨汁机榨汁。

功效解读

此饮品能够除烦去腻、润喉解暑。西瓜所含的葡萄糖、蔗糖、多种维生素、胡萝卜素、蛋白质、氨基酸、果酸和钙、磷、铁等对增进人体功能有很好的效果；西瓜可清热解暑，对肾炎、糖尿病及膀胱炎等疾病有辅助疗效。苹果所含的果酸成分能够缓解咽炎症状。

心脑血管疾病 *养心安神，健脑益智*

菠菜荔枝汁

主料

菠菜1棵，荔枝4颗，水200毫升。

做法

1. 将菠菜洗净，切碎。
2. 将荔枝去皮，去核，取出果肉。
3. 将准备好的菠菜、荔枝和水一起放入榨汁机榨汁。

功效解读

此饮品能够补心安神、保养心脏。菠菜含有大量抗氧化剂，有助于防止大脑老化，可预防老年性痴呆症。荔枝果肉含有丰富的维生素C和蛋白质，有助于增强人体免疫功能，具有理气补血、温中止痛、补心安神的功效。

补心安神

增强心血管功能

小白菜苹果汁

主料

小白菜1棵，苹果1个，水200毫升。

做法

1. 将小白菜洗净，切碎。
2. 将苹果洗净，去核，切块。
3. 将准备好的小白菜、苹果和水一起放入榨汁机榨汁。

功效解读

此饮品能够增强心血管功能。小白菜中的维生素B_6、泛酸等具有缓解精神紧张的功能，多吃有助于保持平静的心情。苹果含有丰富的硒元素，有益于智力和记忆力的增长，其中的维生素C也有保护心血管的作用。

胡萝卜梨汁

保护心脏

主料

胡萝卜半根，梨1个，水200毫升。

做法

1. 将胡萝卜洗净，去皮，切块。
2. 将梨洗净，去核，切块。
3. 将切好的胡萝卜、梨和水一起放入榨汁机榨汁。

功效解读

此饮品能够保护心脏、缓解疲劳。胡萝卜中的植物纤维具有很强的吸水性，在肠道中体积容易膨胀，是肠道中的"充盈物质"，能够加强肠道的蠕动，从而利膈宽肠、促进排便。梨具有生津止渴、益脾止泻、和胃降逆的功效；梨含有丰富的B族维生素，能保护心脏、缓解疲劳、增强心肌活力、调节血压；梨中的鞣酸及苷等成分能清热降火，对咽喉有养护作用。

莲藕鸭梨汁

调节心律不齐

主料

莲藕2片，鸭梨1个，水200毫升。

做法

1. 将莲藕去皮，切块。
2. 将鸭梨洗净，去核，切块。
3. 将准备好的莲藕、鸭梨和水一起放入榨汁机榨汁。

功效解读

此饮品能够调节心律不齐、生津润燥。莲藕的营养价值很高，富含维生素、矿物质、植物蛋白质及淀粉，能够补益气血、增强免疫力；此外，莲藕还有调节心脏、血压及改善末梢血液循环的功能。鸭梨性凉，味甘、酸，具有生津、润燥、清热、化痰、解酒的作用；鸭梨含有丰富的B族维生素，能够增强心肌活力、缓解疲劳、调节血压、防止动脉硬化。

调养身心蔬果汁

芦笋芹菜汁

安神定志

主料

芦笋1根，芹菜半根，水200毫升。

做法

1. 将芦笋洗净，切段。

2. 将芹菜洗净，切段。

3. 将切好的芦笋、芹菜和水一起放入榨汁机榨汁。

功效解读

此饮品能够安神定志、预防心脏病。芹菜具有较高的药用价值，其性凉，味甘，无毒，具有散热、祛风利湿、健胃、清肠利便、润肺止咳、调节血压、健脑镇静的作用。芦笋所含蛋白质、碳水化合物、多种维生素和微量元素的质量优于普通蔬菜，常吃对心血管疾病、水肿、膀胱炎等有一定的辅助疗效。

菠萝苹果西红柿汁

改善血液循环

主料

菠萝4块，苹果1个，西红柿1个，水200毫升。

做法

1. 将菠萝洗净，去皮，切小块；将苹果洗净，去核，切块；将西红柿洗净，划十字，在沸水中浸泡后剥去表皮，切块。

2. 将切好的菠萝、苹果、西红柿和水一起放入榨汁机榨汁。

功效解读

此饮品能够改善血液循环、预防心血管疾病。菠萝能够清热解暑、生津止渴、利小便。西红柿所含的番茄红素有很强的抗氧化作用，可以预防心血管疾病。苹果中的钾可与体内过量的钠离子交换，从而促使其排出体外，使血管壁的张力降低，调节血压。

苹果胡萝卜甜菜根汁

调节心肺功能

主料

苹果1个，胡萝卜1根，柠檬2片，甜菜根1个，水200毫升。

做法

1. 将苹果洗净，去核，切块；将胡萝卜、甜菜根洗净，切块。

2. 将准备好的苹果、胡萝卜、甜菜根、柠檬和水一起放入榨汁机榨汁。

功效解读

此饮品能够调节心肺功能、增强免疫力。苹果中的维生素C是心血管的保护神，还具有生津止渴、养心益气等功效。甜菜根含有碘，对预防甲状腺肿大及动脉硬化都有辅助疗效；甜菜根还含有大量镁元素，有软化血管和阻止血管中形成血栓的作用，对辅助治疗高血压有重要作用。

薄荷蜂蜜豆浆

提神醒脑

主料

豆浆200毫升，蜂蜜、薄荷叶各适量。

做法

1. 将薄荷叶洗净，切碎。

2. 将薄荷叶和豆浆一起放入榨汁机榨汁。

3. 在榨好的蔬果汁内放入蜂蜜搅匀即可。

功效解读

此饮品能够提神醒脑、缓解疲劳。薄荷具有双重功效，热时能让人感觉清凉，冷时则可温暖身躯，对于干咳、气喘、支气管炎、肺炎、肺结核具有辅助疗效。豆浆含有丰富的不饱和脂肪酸、大豆皂苷、镁、钙等几十种对人体有益的物质，能分解体内的胆固醇，促进脂质代谢，调节血压和血糖，还能改善脑血流、防止血管痉挛。蜂蜜所含的多种营养成分可以营养心肌并改善心肌的代谢功能。

调养身心蔬果汁

胡萝卜香蕉柠檬汁

主料

胡萝卜1根，香蕉1根，柠檬2片，水200毫升。

做法

1. 将胡萝卜洗净，去皮，切块；剥去香蕉的皮和果肉上的果络，切块。

2. 将准备好的胡萝卜、香蕉、柠檬和水一起放入榨汁机榨汁。

功效解读

此饮品能够健脑提神。体内缺乏维生素A是春季易患呼吸道感染性疾病的一大诱因，胡萝卜素在人体内能转化为维生素A，因而胡萝卜是很好地预防呼吸道疾病的食物。柠檬含有烟酸和丰富的有机酸，有很强的杀菌作用。香蕉含有一种能协助人脑产生羟色胺的物质，它能将化学信号传达给大脑的神经末梢，使人的心情变得愉快和安宁。

胡萝卜苹果豆浆汁

主料

胡萝卜半根，苹果1个，豆浆200毫升。

做法

1. 将胡萝卜洗净，去皮，切块。

2. 将苹果洗净，去核，切块。

3. 将切好的胡萝卜、苹果和豆浆一起放入榨汁机榨汁。

功效解读

此饮品能够预防心脑血管疾病。胡萝卜有降压、强心作用，是高血压、高脂血症、冠心病患者的食疗佳品。豆浆富含蛋白质、维生素、钙、锌等物质，卵磷脂、维生素E的含量尤其高，可以改善大脑的供血供氧功能，提高大脑记忆力和思维能力。苹果中的果胶可调节胆固醇。

香蕉苹果葡萄汁

健脑益智

主料

香蕉1根，苹果1个，葡萄8颗，水200毫升。

做法

1. 将香蕉去皮并剥去果肉上的果络，切块；将苹果洗净，去核，切块；将葡萄洗净。

2. 将准备好的香蕉、苹果、葡萄和水一起放入果汁机榨汁。

功效解读

此饮品能够健脑益智、缓解疲劳。中医认为，香蕉性寒，味甘，有清热解毒、润肠通便、润肺止咳、调节血压的功效。苹果的香味和微酸的味道能够缓解因压力过大造成的情绪低落或暴躁，同时还有提神醒脑的功效；苹果中的维生素C是心脏病患者的健康元素。葡萄中的糖主要是葡萄糖，能很快地被人体吸收，有利消化。

菠菜桂圆汁

补气养血

主料

菠菜1棵，桂圆8颗，水200毫升。

做法

1. 将菠菜洗净，切成段。

2. 将桂圆去壳，去核，取出果肉。

3. 将准备好的菠菜、桂圆肉和水一起放入榨汁机榨汁。

功效解读

此饮品能够补气养血。桂圆含有葡萄糖、蔗糖、维生素A、B族维生素等多种营养成分，其中还含有较多的蛋白质、脂肪和多种矿物质。这些营养成分都是人体所必需的，对于劳心之人更为有效。桂圆可辅助治疗病后体弱或脑力衰退。菠菜含有大量抗氧化剂，具有抗衰老、促进细胞增殖的作用，可激活大脑功能，防止大脑的老化。

调养身心蔬果汁

身体水肿 利水消肿，祛除湿邪

冬瓜苹果蜂蜜汁

主料

冬瓜1片，苹果1个，蜂蜜适量，水200毫升。

做法

1. 将冬瓜去皮，去瓤，切块；将苹果洗净，去核，切块。

2. 将切好的冬瓜、苹果和水一起放入榨汁机榨汁。

3. 在榨好的蔬果汁内加入适量蜂蜜搅拌均匀即可。

功效解读

此饮品能够利尿消肿。冬瓜含有较多维生素C，且钾盐含量高，钠盐含量较低，食之可达到消肿而不伤正气的作用。苹果具有生津止渴、健脾益胃的功效，对减肥、排毒有一定作用。

苹果芹菜芦笋汁

主料

苹果1个，芹菜半根，芦笋2根，水200毫升。

做法

1. 将苹果洗净，去核，切块。

2. 将芹菜、芦笋洗净，切段。

3. 将苹果块、芹菜段、芦笋段和水一起放入榨汁机榨汁。

功效解读

此饮品有利于排尿消肿、增强抵抗力。苹果含有丰富的有机酸，能刺激胃肠蠕动，促使大便通畅，起到消肿利尿的作用。芹菜的利尿成分能够消除身体水肿，有清体畅体的功效。芦笋对身体水肿、过度疲劳、膀胱炎等病症有辅助治疗作用。

生姜冬瓜蜂蜜汁

主料

冬瓜1片，生姜2片，蜂蜜适量，水200毫升。

做法

1. 将冬瓜去皮，去瓤，洗净，切块；将生姜洗净，切末。

2. 将冬瓜块、生姜末和水一起放入榨汁机榨汁。

3. 在榨好的蔬果汁内加入蜂蜜拌匀即可。

功效解读

此饮品可利水消炎、健美身形。冬瓜味甘、淡，性微寒，可清热解毒、利水消肿、除烦止渴、祛湿解暑，用于辅助治疗心胸烦热、小便不利、肺痈咳喘、肝硬化腹水、高血压等病症。生姜中的姜辣素进入人体后，能产生一种抗氧化酶，有很强的抑制自由基的本领，比维生素E的作用还要强。

西瓜皮菠萝牛奶汁

主料

西瓜皮2片，菠萝2块，牛奶200毫升。

做法

1. 将西瓜皮洗净，去表皮，切碎。

2. 将菠萝洗净，去皮，切成小块。

3. 将切好的西瓜皮、菠萝和牛奶一起放入榨汁机榨汁。

功效解读

此饮品能够利尿消肿、增强免疫力。中医称西瓜皮为"西瓜翠衣"，能够清暑解热、止渴、利小便；西瓜皮所含的瓜氨酸能增进肝脏中尿素的形成，从而起到利尿的作用，可以用来辅助治疗肾炎水肿、肝病黄疸及糖尿病。菠萝含有丰富的维生素B_2，能够有效防止皮肤干裂并滋养皮肤，同时还能够滋润头发，使其变得光亮。牛奶能够增强胃肠的蠕动能力，促进排便。

香蕉西瓜汁

主料

香蕉1根，西瓜2片，水200毫升。

做法

1. 将香蕉去皮并剥去果肉上的果络，切块。

2. 将西瓜去皮，去籽，切块。

3. 将切好的香蕉、西瓜和水一起放入榨汁机榨汁。

功效解读

此饮品能够消除水肿、增加胃肠蠕动。香蕉中的淀粉含量很高，所以很容易饱腹，加上淀粉在体内要转变成糖类需要一些时间，因此不会产生过多的能量堆积。西瓜水分大，吃西瓜后排尿量会增加，能够促使盐分排出体外，消除水肿，特别是下肢水肿，对因长时间坐在电脑前而双腿麻木肿胀的女性来说，西瓜是一种天然的美腿水果。

苹果苦瓜芦笋汁

主料

苹果1个，苦瓜1段（6厘米），芦笋1根，水200毫升。

做法

1. 将苹果洗净，去核，切块；将苦瓜洗净，去瓤，切块；将芦笋洗净，切段。

2. 将切好的苹果、苦瓜、芦笋和水一起放入榨汁机榨汁。

功效解读

此饮品能够消除水肿、减肥瘦身。从苦瓜中提取的清脂素能够由内而外排出长期积存在体内的脂肪和剩余物，从而分解腰部、腹部、臀部的脂肪。芦笋具有宽肠、润肺、利尿等功效，对高血压、血管硬化、膀胱炎及肝硬化等有一定的辅助治疗效果。苹果中的钾可以将体内过剩的钠排出体外，调节钾钠平衡。

哈密瓜木瓜汁

主料

哈密瓜1/4个，木瓜半个，蜂蜜适量，水200毫升。

做法

1. 将哈密瓜、木瓜去皮，去瓤，切块。

2. 将切好的哈密瓜、木瓜和水一起放入榨汁机榨汁。

3. 在榨好的蔬果汁内加入适量蜂蜜搅拌均匀即可。

功效解读

此饮品能够消肿利尿，还能预防贫血。哈密瓜性寒，味甘，含有蛋白质、膳食纤维、胡萝卜素、磷、钠、钾等成分，有利小便、止渴、除烦热、防暑气等作用，是夏季解暑的佳品。木瓜性温，味甘、酸，有祛风除湿、通经活络的功效。

冬瓜生姜汁

主料

冬瓜2片，生姜2片，蜂蜜适量，水200毫升。

做法

1. 将冬瓜去皮，去瓤，切块；将生姜洗净，切末。

2. 将切好的冬瓜、生姜和水一起放入榨汁机榨汁。

3. 在榨好的蔬果汁内加入适量蜂蜜搅匀。

功效解读

此饮品能够祛湿解毒。冬瓜能清肺热、化痰、清胃热、除烦止渴、祛湿解暑、利小便，通常用来辅助治疗肺热咳嗽、水肿胀满、暑热烦闷、肾炎水肿。在炎热的气温下，食品容易受到细菌的污染，而且生长繁殖快，容易引起急性胃肠炎，适量吃些生姜可起到防治作用。

西瓜苦瓜汁

主料

西瓜4片，苦瓜1段（6厘米）。

做法

1. 将西瓜去皮，去籽，切块。

2. 将苦瓜洗净，去瓤，切块。

3. 将切好的西瓜、苦瓜一起放入榨汁机榨汁。

功效解读

此饮品能够消肿瘦身、改善粗糙肤质。西瓜含水量丰富，可以帮助排出体内多余的水分，使肾脏功能维持正常的运作，消除水肿的现象；西瓜中的氨基酸有利尿的功能，有助于身体的毒素顺利排出，从而使新陈代谢变好，同时对喝酒引起的晕眩、疲劳感也有很好的效果。苦瓜含有生物碱类物质奎宁，有利尿活血、消炎退热、清心明目的功效。

茼蒿圆白菜菠萝汁

主料

茼蒿2根，圆白菜2片，菠萝2块，水200毫升。

做法

1. 将茼蒿、圆白菜、菠萝洗净，菠萝去皮，切碎。

2. 将切好的茼蒿、圆白菜、菠萝和水一起放入榨汁机榨汁。

功效解读

此饮品能够帮助消化、利尿排毒。茼蒿含有多种氨基酸、脂肪、蛋白质及较高量的钠、钾等矿物质，能调节体内的水液代谢功能，通利小便、消除水肿。菠萝有祛湿利尿、养胃生津的功效，适合水肿、低血压、消化不良者食用。圆白菜富含叶酸，所以，怀孕的女性、贫血患者应适当多吃些圆白菜。

李子蛋黄牛奶汁

主料

李子4颗，熟蛋黄1个，牛奶200毫升，冰糖适量。

做法

1. 将李子洗净，去核，切块。

2. 将准备好的李子、熟蛋黄、牛奶一起放入榨汁机榨汁。

3. 在榨好的蔬果汁内放入适量冰糖即可。

功效解读

此饮品能够消肿祛湿，缓解水肿造成的肥胖。李子有助于胃酸和胃消化酶的分泌，可以促进胃肠蠕动，胃酸缺乏、食后饱胀、大便秘结者可多吃李子。蛋黄含有宝贵的维生素A、维生素D，这些脂溶性维生素能够补充身体所需营养。冰糖能够补充体内的糖分，具有供给能量、补充血糖、强心利尿、解毒等作用。

火龙果菠萝汁

主料

火龙果1个，菠萝2块，水200毫升。

做法

1. 将火龙果去皮，果肉切块。

2. 将菠萝洗净，去皮，切成小块。

3. 将切好的火龙果、菠萝和水一起放入榨汁机榨汁。

功效解读

此饮品能够消肿祛湿、滋养肌肤。火龙果能预防便秘，保护眼睛，增加骨密度，帮助细胞膜形成，预防贫血，抗神经炎、口角炎，调节胆固醇，美白皮肤，防黑斑。菠萝富含维生素B_1，能促进新陈代谢、缓解疲劳感；其中丰富的膳食纤维还有助于消化。

免疫力低下 增强抵抗力，提高抗病能力

甜椒汁

主料

甜椒2个（红、黄椒各1个），水200毫升，白砂糖适量。

做法

1. 将甜椒洗净，去籽，切块。
2. 将切好的甜椒和水一起放入榨汁机榨汁。
3. 在榨好的蔬果汁内加入适量白砂糖搅拌均匀即可。

功效解读

此饮品能够提高抗病能力、增进食欲。常食甜椒可调节血脂，促进血液循环，减少血栓形成，对心血管疾病有一定预防作用。甜椒还具有通利肺气、通达窍表、通顺血脉的作用，既能促进人体血液循环，又能增强脑细胞活性，有助于延缓衰老。

秋葵牛奶汁

主料

秋葵3根，牛奶200毫升，蜂蜜适量。

做法

1. 把秋葵洗净，用热水焯一下，切段。
2. 把切好的秋葵和牛奶一起放入榨汁机榨汁。
3. 在榨好的蔬果汁内加入适量蜂蜜搅拌均匀即可。

功效解读

此饮品能够调理人的精神状态，增强人体的抵抗力。秋葵分泌的黏蛋白有保护胃壁的作用，并可促进胃液分泌，增进食欲，改善消化不良等症。牛奶中的钙质容易被吸收，而且磷、钾、镁等多种矿物质的搭配也比较合理，常喝牛奶能使人保持充沛的体力。

西红柿酸奶汁

主料

西红柿2个，酸奶200毫升。

做法

1. 将西红柿洗净，在表面划几刀放入沸水中浸泡10秒，剥去西红柿的表皮并切块。

2. 将切好的西红柿和酸奶一起放入果汁机中榨汁。

功效解读

此饮品具有抗氧化、提高抗病能力的作用。西红柿富含胡萝卜素，具有抗氧化的作用；西红柿所含的番茄红素有抑制细菌的作用，所含的苹果酸、柠檬酸和碳水化合物有助消化的功能，还有增加胃液酸度、调整胃肠功能的作用。牛奶具有抗氧化功能，也含有维生素B_2，有助于美容养颜、滋润肌肤。

抗氧化

增强抵抗力

木瓜芝麻酸奶汁

主料

木瓜半个，酸奶100毫升，芝麻适量，水100毫升。

做法

1. 将木瓜去皮，去瓤后切块。

2. 将木瓜块、酸奶、水和芝麻一起放入榨汁机榨汁。

功效解读

此饮品可以增强人体抵抗力，保证睡眠质量。木瓜里的酵素能帮助分解肉食，促进消化，防治便秘。酸奶能够使肠道菌群的构成发生有益变化，改善人体胃肠道功能，恢复人体肠道内菌群平衡，形成抗菌生物屏障，维护人体健康。芝麻含有防病、抗衰老物质，能有效调节胆固醇、阻止动脉硬化、防治心脑血管病。

圆白菜蓝莓苹果汁

主料

圆白菜2片，蓝莓4颗，苹果半个，酸奶100毫升，水100毫升。

做法

1. 将圆白菜洗净，切碎；将蓝莓洗净；将苹果洗净，去核，切块。

2. 将准备好的圆白菜、蓝莓、苹果、酸奶和水一起放入榨汁机榨汁。

功效解读

此饮品可以消炎镇痛、增强人体免疫力。圆白菜含有抗氧化的营养成分，防衰老、抗氧化的效果明显，它能增强人体免疫力，预防感冒。苹果含有磷和铁等元素，易被肠壁吸收，有补脑养血、宁神安眠的作用。蓝莓中的花青素能激活免疫系统，使免疫球蛋白不受自由基的侵害，激活巨噬细胞，增强人体的免疫力。

胡萝卜甜菜根汁

主料

胡萝卜半根，甜菜根3个，水200毫升。

做法

1. 将胡萝卜、甜菜根洗净，切块。

2. 将切好的胡萝卜、甜菜根和水一起放入榨汁机榨汁。

功效解读

此饮品能够补充各种维生素、增强抵抗力。胡萝卜可增强人体免疫力，其所含的芥子油和膳食纤维可促进胃肠蠕动，促进体内废弃物的排出。甜菜根富含铜，对血液、中枢神经系统、免疫系统、头发、皮肤、骨骼及脑和肝、心等内脏的发育和功能有重要影响；甜菜根还能够防止毒素对肝细胞的损害，可以促进肝气循环，疏肝解郁，适合肝病患者食用。

芒果酸奶汁

增强免疫力

主料

芒果1个，酸奶200毫升。

做法

1. 将芒果去皮，去核，取出果肉。
2. 将芒果果肉和酸奶一起放入榨汁机榨汁。

功效解读

此饮品能够消肿、美容，增强免疫力。芒果含有丰富的维生素A，其含量是所有水果中较多的，且其维生素C含量也不低，同时富含蛋白质、矿物质、碳水化合物等。芒果还含有一种叫芒果苷的物质，芒果苷具有抗炎、抗病毒等作用；芒果苷对慢性支气管炎有较好疗效；芒果苷具有抗氧化和延缓衰老的作用。

增强免疫力

葡萄牛奶汁

主料

葡萄8颗，牛奶200毫升。

做法

1. 将葡萄洗净。
2. 将葡萄与牛奶一起放入榨汁机榨汁。

功效解读

此饮品能够增强免疫力、促进血液循环。葡萄皮含有的单宁、花青素等物质，具有强抗氧化、保护心血管、增强免疫能力等功能。葡萄中丰富的维生素C和钾等物质具有调节血脂、扩张血管的作用，对冠心病、高脂血症等有辅助治疗作用。牛奶含有人体所需要的多种维生素，这些维生素对防治疾病、促进钙质的吸收有非常重要的作用。

调养身心蔬果汁

菠菜牛奶汁

主料

菠菜2棵，牛奶200毫升，蜂蜜适量。

做法

1. 将菠菜洗净，切碎。

2. 将切好的菠菜和牛奶一起放入榨汁机榨汁。

3. 在榨好的蔬果汁内加入适量蜂蜜搅匀即可。

功效解读

此饮品能够均衡营养、增强免疫力。菠菜营养丰富，能供给人体多种营养物质；其所含的铁质对缺铁性贫血有较好的辅助治疗作用。牛奶的营养价值很高，矿物质种类也非常丰富，最难得的是，牛奶的钙磷比例非常适当，利于钙的吸收，是人体补充钙质的优质来源。

西蓝花胡萝卜甜椒汁

主料

西蓝花2小朵，胡萝卜半根，甜椒半个，水200毫升。

做法

1. 将西蓝花洗净，在沸水中焯一下，切块。

2. 胡萝卜洗净，切块；甜椒去籽，洗净，切块。

3. 将准备好的西蓝花、胡萝卜、甜椒和水一起放入榨汁机榨汁。

功效解读

此饮品具有很强的抗氧化作用，能够增强人体的抗病能力。西蓝花中的异硫氰酸盐可以激活人体免疫细胞的许多抗氧化基因和酶，使免疫细胞免受自由基损伤。甜椒富含多种维生素及微量元素，有消暑、补血、预防感冒和促进血液循环等功效。胡萝卜中的木质素能够提高机体的免疫力。

芹菜猕猴桃酸奶汁

主料

芹菜半根，猕猴桃1个，酸奶200毫升。

做法

1. 将芹菜洗净，切段。
2. 将猕猴桃去皮，切块。
3. 将切好的芹菜、猕猴桃和酸奶一起放入榨汁机榨汁。

功效解读

此饮品可增强体质。芹菜具有清热解毒、祛病强身的功效；芹菜富含矿物质元素，处于生长发育期的少年儿童及孕妇和哺乳期的妇女多吃芹菜以增加体内的钙和铁，有助于增强体质。猕猴桃含有丰富的膳食纤维，可以帮助消化，预防便秘，快速清除体内堆积的有害代谢物。

增强免疫力

洋葱甜椒汁

主料

洋葱半个，甜椒1个，水200毫升。

做法

1. 将洋葱洗净，切成丁，在微波炉中加热。
2. 将甜椒洗净，去籽，切成丁。
3. 将切好的洋葱、甜椒和水一起放入榨汁机榨汁。

功效解读

此饮品能够增强免疫力，预防季节性感冒。洋葱可以促进细胞膜的流动，增强体力和免疫力，辅助治疗伤风感冒；洋葱还能提高胃肠道的张力，增加胃液分泌，可以补充维生素，更能有效对抗感冒。甜椒营养丰富，其味辛，性热，具有健胃、发汗功效，经常食用可以预防和辅助治疗感冒等病症。

草莓西红柿汁

主料

草莓10颗，西红柿1个，水200毫升。

做法

1. 将草莓去蒂，洗净，切块；将西红柿洗净，划十字，在沸水中浸泡10秒，剥去表皮，切块。

2. 将准备好的草莓、西红柿和水一起放入榨汁机榨汁。

功效解读

此饮品能增强免疫力。草莓营养丰富，含有大量碳水化合物、蛋白质、有机酸、果胶等营养成分，可有效增强人体免疫力。西红柿中的番茄红素具有独特的抗氧化能力，能清除人体内导致衰老和疾病的自由基，预防疾病的发生。

芹菜海带黄瓜汁

主料

芹菜半根，海带1段（10厘米），黄瓜1根，水200毫升。

做法

1. 将海带在沸水中煮一会，去咸味，切块；将芹菜、黄瓜洗净，芹菜切段，黄瓜切片。

2. 将切好的芹菜、黄瓜、海带和水一起放入榨汁机榨汁。

功效解读

此饮品有助于排出体内毒素、增强免疫力。芹菜中的碱性成分能对人起到安定作用，有利于安定情绪、消除烦躁；芹菜含铁量较高，能补充妇女经血的损失，也是缺铁性贫血患者的佳蔬，女性经常食用能避免皮肤苍白、干燥、面色无华。海带能增强人体的免疫力。